CPEC

国家级实验教学示范中心联席会
计算机学科组规划教材

计算机网络安全

——基于对抗视角的网络安全攻防 微课视频版

周庆 胡月 主编

清華大学出版社
北京

内容简介

在计算机网络安全实践中，专业能力与理论知识同等重要。本书基于“对抗式学习”的教学理念对网络安全的基本知识和技术进行介绍与分析，并通过实际的网络安全对抗项目培养和评价学生的网络安全专业能力。

全书共分3篇：第1篇(第1、2章)为基础篇，着重介绍网络安全相关的基础知识，包括网络安全、网络安全对抗和密码学的基本概念与技术；第2篇(第3～7章)为技术篇，分别介绍远程用户认证、网络扫描、拒绝服务攻击、防火墙、入侵检测5种网络安全技术，从对抗的视角介绍技术的发展历程，针对每种技术给出一个具体的网络安全对抗项目；第3篇(第8章)为拓展篇，介绍网络安全相关的其他技术，包括恶意软件、高级持续性威胁和人工智能技术。全书提供了大量网络安全的实际案例，每章附有思考题。

本书适合作为高等院校计算机专业、信息安全专业高年级本科生、研究生的教材，也可供对计算机技术比较熟悉并且对网络安全技术有所了解的开发人员、广大科技工作者和研究人员参考。

图书在版编目(CIP)数据

计算机网络安全：基于对抗视角的网络安全攻防：微课视频版/周庆，胡月主编. —北京：清华大学出版社，2024.5
国家级实验教学示范中心联席会计算机学科组规划教材
ISBN 978-7-302-66207-5

Ⅰ. ①计… Ⅱ. ①周… ②胡… Ⅲ. ①计算机网络－网络安全－高等学校－教材 Ⅳ. ①TP393.08

中国国家版本馆CIP数据核字(2024)第086689号

责任编辑：郑寅堃
封面设计：刘　键
责任校对：徐俊伟
责任印制：刘　菲

出版发行：清华大学出版社
网　　址：https://www.tup.com.cn，https://www.wqxuetang.com
地　　址：北京清华大学学研大厦A座　　邮　　编：100084
社 总 机：010-83470000　　邮　　购：010-62786544
投稿与读者服务：010-62776969，c-service@tup.tsinghua.edu.cn
质量反馈：010-62772015，zhiliang@tup.tsinghua.edu.cn
课件下载：https://www.tup.com.cn，010-83470236
印 装 者：三河市铭诚印务有限公司
经　　销：全国新华书店
开　　本：185mm×260mm　　印　张：10.75　　字　数：270千字
版　　次：2024年7月第1版　　印　次：2024年7月第1次印刷
印　　数：1～1500
定　　价：44.90元

产品编号：101858-01

前 言

新一轮科技革命和产业变革带动了传统产业的升级改造。党的二十大报告强调“必须坚持科技是第一生产力、人才是第一资源、创新是第一动力，深入实施科教兴国战略、人才强国战略、创新驱动发展战略，开辟发展新领域新赛道，不断塑造发展新动能新优势”。建设高质量高等教育体系是摆在高等教育面前的重大历史使命和政治责任。高等教育要坚持国家战略引领，聚焦重大需求布局，推进新工科、新医科、新农科、新文科建设，加快培养紧缺型人才。

计算机网络安全(以下简称网络安全)关乎国家安全和社会稳定，也影响着大众的日常生活。近年来，我国政府和各企事业单位对信息安全人才的需求与日俱增，但从事网络安全工作的高校毕业生在数量和质量方面与就业单位的实际需求还存在差距。从事网络安全工作的专业人员不仅需要掌握扎实的基础知识，还需要具备相关的专业能力。如何提高学生对基础知识的学习兴趣，同时培养和评价他们的专业能力是当前高等教育面临的一个难题。

对抗性是网络安全的一个显著特征。典型的网络安全对抗活动包括网络攻防比赛、实战演练、网络入侵和信息战等。为了突显网络安全的这一特征，本书作者提出了“对抗式学习”教学法，它是一种通过多轮对抗活动提高学生专业技能的教学方法。该方法有助于提高学生的学习兴趣，培养和评价他们的专业能力。在过去几年的课程教学中，作者对该方法进行了实践和改进，并以此为基础撰写本书。

本书具有以下特点。

(1) 突出网络安全的对抗性。本书的最大特点是从对抗的视角看待网络安全。第1章介绍了网络安全中典型的对抗活动，并给出网络安全对抗模型，第3～7章均讨论了对应网络安全技术的对抗特点，并给出网络安全对抗项目，便于学生开展分组对抗活动。

(2) 重视专业能力的培养。通过网络安全对抗项目，本书致力于培养学生具有以下五方面的能力：①使用专业工具开展网络攻击和防御的能力；②通过观察和数据分析得出恰当结论的能力；③查阅参考资料并运用新技术的能力；④编写程序实现网络安全技术的能力；⑤通过口头和书面形式进行交流和汇报的能力。

(3) 提供大量网络安全案例。本书在介绍具体的网络安全技术时给出了一些实际的案例,这些案例可以帮助读者理解知识原理和技术应用,体会网络安全实践的对抗特征。

(4) 介绍最新技术及发展历程。网络安全是一门迅速发展的学科。为了反映这一特点,本书对一些最新的网络安全技术进行了介绍,其中包括人工智能技术对网络安全的影响。此外,本书还从技术对抗的角度介绍了几种网络安全技术的发展历史。

全书共8章。第1章为网络安全概述,介绍网络安全相关的基础知识及网络安全对抗活动和对抗模型;第2章为密码学基础,总结了各种类型的密码算法及它们在一些重要的互联网协议中的应用;第3～7章分别介绍远程用户认证、网络扫描、拒绝服务攻击、防火墙、入侵检测等网络安全技术,从对抗的视角介绍技术的发展历程,针对每种技术给出一个具体的网络安全对抗项目,以培养和评价学生的网络安全专业能力;第8章为其他网络安全技术,包括恶意软件、高级持续性威胁和人工智能技术。

作者建议利用本书开展教学可采用"对抗式学习"方法,具体过程参见1.4.1节。本书支持翻转模式、项目模式、实验模式和自学模式等四种使用方式,具体方式参见1.4.2节。

为了便于教学,本书配有教学课件和教学视频等教学资源,供读者查阅。

在本书的编写过程中参考了多部网络安全方面的教材及著作,尤其是威廉·斯托林斯编著的《网络安全基础——应用与标准(第6版)》(清华大学出版社),杨家海、安常青编著的《网络空间安全——拒绝服务攻击检测与防御》(人民邮电出版社),李德全编著的《拒绝服务攻击》(电子工业出版社),马春光、郭方方编著的《防火墙、入侵检测与VPN》(北京邮电大学出版社),陈波、于泠编著的《防火墙技术与应用》(第2版,机械工业出版社),方滨兴主编的《人工智能安全》(电子工业出版社)。作者在阅读以上教材和专著的过程中受到很多启发和帮助,在此致以由衷的感谢。本书作者还查阅了1967—2023年间的共计200多篇学术文献,受篇幅所限无法一一列出,在此对他们的研究工作表示感谢。

在本书的编写过程中,清华大学出版社的编辑提出了许多宝贵的意见,在此表示最诚挚的感谢!此外,张杨、赵卓然、杨帆、向君、王兆鹏、邱禹谭、夏闻远等为本书的撰写提供了大量协助,作者对他们的工作表示感谢。

由于作者水平有限,书中难免存在缺点和错误,敬请读者及各位专家批评指正。

作　者

2024年4月

目录

第1篇 基础篇

第2篇 技 术 篇

第3篇 拓 展 篇

第1篇

基础篇

第1章

网络安全概述

CHAPTER 1

本章介绍网络安全的基本概念与基本技术，并对网络安全的对抗特点进行讨论。另外，介绍了网络安全对抗的知识和本书的使用方法。

视频讲解

1.1 网络威胁与网络攻击

网络每时每刻都面临着各种安全威胁。网络威胁指网络存在遭受损害的风险,主要包括两类。

(1) 恶意威胁:网络被恶意攻击损害的威胁。

(2) 偶然威胁:网络被偶然因素损害的威胁。典型的偶然因素包括人员失误、设备故障和自然灾害(如地震、火灾、洪水)等。

与偶然威胁相比,应对恶意威胁的难度更大。因为恶意威胁的背后是有动机、有能力的攻击者。攻击者可以将潜在的危险转换为实际行动,即网络攻击。网络攻击指进行可能损害网络的恶意行为。网络攻击可分为两类,即被动攻击和主动攻击。被动攻击是指在不影响网络资源和操作的前提下对网络中的信息进行获取或利用,主动攻击则试图对网络资源或操作进行改变或影响。

被动攻击的本质是对数据传输进行监视和窃听。攻击者的目标是获取与传输数据相关的信息。如图 1.1 所示,此时攻击者可以对图 1.1 中的路径①进行监视。窃听攻击和流量分析攻击是两种常见的被动攻击。窃听攻击是指获取通信中的数据。例如,在网络上传输的文件或电子邮件可能包含机密信息,攻击者可以通过窃听获取这些信息。如果数据被加密处理,攻击者也可能通过流量分析攻击获取相关的信息。例如,攻击者通过观察通信流量推测出通信双方的位置和身份,并获得双方消息交换的频率和长度。这些信息对攻击者可能有重要的价值。

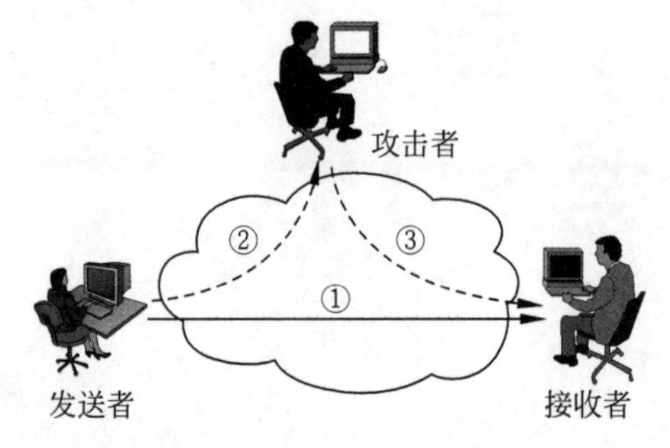

图 1.1 网络攻击示意图

发送者向接收者发送消息(路径①),攻击者可能通过路径②或③发起攻击,还可能对路径①进行窃听或破坏

由于被动攻击不改变数据,对其进行检测非常困难。通过对数据进行加密、对通信流量进行填充等方法可以防范被动攻击。量子通信是一种新型的通信方式,对量子通信中传输的数据进行监听会改变数据,因此使用量子通信有望检测出被动攻击,但目前该技术还未被广泛使用。通常来说,对付被动攻击的重点仍是防范而不是检测。

主动攻击涉及对网络资源的改变,以下是几类典型的主动攻击。

(1) 改写。改写是攻击者将其窃听的消息进行修改后再发送给接收者,表现为图 1.1 中的路径②和③。攻击可能还会中断路径①的通信。

(2) 重放。重放是攻击者将其窃听的信息重新发送给接收者,表现为图 1.1 中的路径

②和③。与改写攻击不同，重放攻击不对消息进行修改。

（3）伪造。伪造是攻击者向接收者发送虚假的消息，表现为图1.1中的路径③。与改写和重放攻击不同，伪造不需要对消息进行窃听。

（4）非法访问。攻击者向接收者发送恶意消息，该消息可利用接收者主机的漏洞获得非法的访问权限，表现为图1.1中的路径③。与伪造消息不同的是，非法访问涉及权限的获取和提升，其目的是控制接收者系统。

（5）拒绝服务。攻击者阻止网络或主机的正常使用，表现为图1.1中的路径①被中断。典型的拒绝服务攻击是通过向网络发送大量数据并使其丧失通信功能。某些拒绝服务攻击可使主机瘫痪，或者阻止消息发往特定的目的地，如审计服务器。

对主动攻击进行防范十分困难，一般需要对网络中的所有节点和线路进行物理保护。但是主动攻击会改变网络资源，因此可以对主动攻击进行检测。对主机进行攻击检测也有助于减少攻击造成的破坏，恢复网络和系统功能，并对主动攻击起到一定的威慑作用。

如图1.2所示显示了两种网络安全模型，用来应对网络中的主动和被动攻击。图1.2(a)显示的安全通信模型，其过程如下。

（1）发送者对消息进行安全处理；

（2）发送者将处理后的消息通过网络进行传送；

（3）接收者对从网络中接收到的消息进行安全处理；

（4）接收者使用安全处理后的消息。

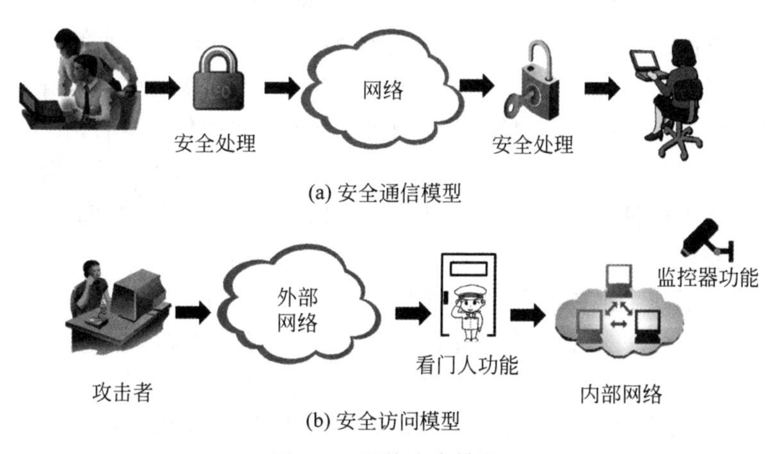

图1.2 网络安全模型

该模型可以用于防御对消息的窃听、改写、重放、伪造等攻击。发送者对消息的安全处理可以是为消息添加序号或认证码、对消息进行加密，接收者则对消息进行解密、检查认证码、对比序号，这些安全处理措施可以防止攻击者窃听，或者检测出攻击者对消息的改写、重放和伪造攻击。1.2节将简要介绍该模型涉及到的安全服务和实现机制，更详细的内容参见第2章。

安全通信模型适合对传输的消息进行保护。但其他一些攻击，如非法访问攻击、拒绝服务攻击则是针对网络或主机的攻击不适合安全通信模型。例如，攻击者向接收者发送病毒、木马等恶意软件以实现对系统的非法访问和控制，或者攻击者向网络发送大量数据，造成网络拥塞。图1.2(b)所示显示的安全访问模型可用于防御此类攻击，其过程如下。

(1) 攻击者向接收者发送恶意消息;

(2) 看门人功能在网络或主机的入口处对消息进行检查,阻止恶意消息进入;

(3) 恶意消息有可能躲过检查,进入内部网络或主机并实施恶意行为;

(4) 监控器功能对恶意数据和行为进行检测,如果发现可疑则报警。

第 2 步中的看门人功能对入口处的消息进行检查,如果消息发送者未通过身份认证,或者消息不符合安全策略,则拒绝消息通过入口。这部分技术将在第 3 章和第 6 章介绍。某些恶意消息有可能骗过看门人的检查,从而进入内部网络或主机并发起攻击。第 4 步中的监控器功能随时检测网络或主机中的可疑数据和行为,如恶意软件、文件删除行为等,并及时发出警报。这部分技术将在第 7 章和第 8 章介绍。

以上两个安全模型是对网络安全原理的概括性描述,在工程上实现网络安全还需要从安全策略到安全机制等多个方面考虑,如开放系统互连(Open System Interconnection, OSI)安全体系结构。

1.2　OSI 安全体系结构

网络安全可通过安全服务和安全机制两方面实现。但在设计安全服务、实现安全机制之前首先要制定安全策略。安全策略这一术语有多种解释,本书采用 RFC 4949 中的定义,即安全策略是一套说明如何保护敏感和关键的系统资源的规则或原则。安全策略是从管理者的角度出发制定的。因此管理者在制定安全策略时需要对几个特性进行权衡。首先,任何安全措施都会影响系统的易用性。例如,用户在登录系统前需要先进行身份识别。其次,安全保护通常会增加工作成本。例如,需要购买安全设备或软件。最后,安全保护功能可能会影响系统性能或员工效率。例如,入侵检测软件可能会占用系统的计算资源,额外的安全举措增加了员工的工作时间。另一方面,如果没有相应的安全保护,系统可能损失惨重。因此管理者需要在安全、成本、效率等指标之间找到合适的平衡点。

安全策略可通过安全服务实现,而安全服务通过安全机制实现。国际电信联盟推荐标准 X.800 系统地描述了实现安全策略所需的安全服务、安全机制及它们的关系。X.800 又称为 OSI 安全体系结构,目前市场上已有大量符合这一国际标准的服务和产品。图 1.3 展示了 OSI 安全体系结构示意图,它涉及 OSI 参考模型、安全服务和安全机制三个维度,其中,OSI 参考模型将网络在逻辑上划分成七层,在每一层上可以提供或实施一类安全服务和安全机制。下面对安全服务和安全体制进行介绍。

1.2.1　安全服务

X.800 协议将安全服务定义为由 OSI 环境下用于确保系统安全或数据传输安全的服务。X.800 中的安全服务主要包括 5 类。

1. 认证

认证服务用于确认通信参与方的身份。例如,向接收方确保消息的实际发送者与其期待的发送者是相同的。在面向连接的通信中,认证服务可在两个阶段中使用。一是在连接建

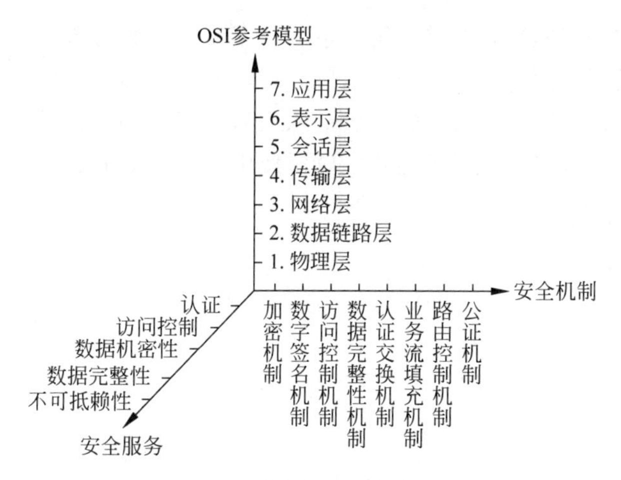

图 1.3　OSI 安全体系结构

立阶段，认证服务支持两个实体之间互相确认身份。二是在数据传输阶段，如果第三方企图伪造成其中一个实体，认证服务应能检测出这一攻击。具体地，X.800 定义了两种认证服务。

(1) 数据源认证：提供数据来源的认证。这种服务类型一般用于不需要交互的应用，例如电子邮件应用。

(2) 对等实体认证：提供对等实体的身份认证。对等实体是在同一网络协议中地位相同的两个实体，例如利用 TCP 协议通信的两方。由于通信双方都要进行认证，认证服务需要双方相互发送信息。

2. 访问控制

在网络安全中，访问控制服务对实体使用网络系统的权限进行控制。实体的访问权限一般与其身份相关，因此对实体进行访问控制前首先要进行身份认证。

3. 数据机密性

机密性服务保护传输数据不受窃听攻击或流量分析攻击。例如，在 TCP 通信中，需要确保在整个连接过程中双方相互传输的所有消息不被窃听。如果要防止数据遭受流量分析攻击，还要求确保攻击者不能探测到数据长度、数据源、数据目的地等通信特征。

4. 数据完整性

完整性服务用于确保消息在接收时与发送时是一致的。面向连接的完整性服务确保从建立连接到关闭连接的过程中消息未被插入、改写、重放或改变顺序。若完整性服务仅针对单个消息，则只需提供对消息改写的保护服务。某些数据完整性服务在检测到数据损坏后，还可提供数据自动恢复的服务。

5. 不可抵赖性

不可抵赖性(non-repudiation)服务用于防止发送方或接收方对已发送或接收的消息进行否认。即当消息发送之后，可以证明发送方已发送了该消息，或者在消息接收后，可以证明接收方已接收到该消息。

除了以上五种服务外,X.800将可用性也看作系统的一种属性。可用性是指当用户需要时,系统总能向其提供服务。因此,也可将确保系统的可用性看作一种安全服务。例如,攻击者可能会伪装成正常用户占用系统资源,从而破坏其可用性。可用性服务可以对攻击者进行认证以阻止这些攻击,或者通过增加资源使用户正常使用系统。

1.2.2　安全机制

安全机制是系统实现某个安全服务的方法或过程。以下8种安全机制可用于特定的安全服务。

(1) 加密:使用算法或数学运算对数据进行转换。从转换结果中恢复出原数据需要获得相应的密钥。

(2) 数字签名:根据消息计算出认证码。该认证码可用于证明消息的来源及完整性。

(3) 访问控制:用于控制对系统资源的访问权限的各种机制。

(4) 数据完整性:确保数据完整性的各种机制。

(5) 认证交换:通过信息交换以确认实体身份的机制。

(6) 业务流填充:通过数据填充的方式防范流量分析攻击。

(7) 路由控制:允许选择物理安全通道,允许改变路由。

(8) 公证:通过可信的第三方确保数据交换满足特定的安全要求。

如表1-1所示为X.800中各种安全服务与8种安全机制之间的关系。

表1-1　安全服务与安全机制之间的关系

安全服务	安全机制							
	加密	数字签名	访问控制	数据完整性	认证交换	业务流填充	路由控制	公证
对等实体认证	√	√			√			
数据源认证	√	√						
访问控制			√					
数据机密性	√						√	
流量机密性	√					√	√	
数据完整性	√	√		√				
不可抵赖性		√		√				√
可用性				√	√			

除了以上安全机制外,X.800还有一些安全机制不限于特定的安全服务,列举如下。

(1) 可信功能:用于确保其他安全机制的有效性或扩展其范围。

(2) 安全标签:与资源绑定的安全标记,用于说明资源的安全属性。安全标签可以是显式的,如资源的保密级别,也可以是隐式的,如资源已被加密。

(3) 安全审计:收集数据以用于对系统活动进行安全检查和分析。

(4) 安全恢复:为恢复系统安全采取措施,如断开连接、改变密钥、将实体加入黑名单等。

(5) 事件检测:包括对违反安全策略的事件的检测,或正常事件的检测(如登录成功)。事件检测可能会引发新的行动,如安全恢复、安全审计或事件报告。

视频讲解

1.3　网络安全对抗

20世纪60年代末自第一个计算机网络诞生以来，网络安全问题与网络技术的发展如影相随。对抗性是网络安全的一个显著特征。网络安全对抗是指两个或多个参与方为了保护己方网络安全或破坏对方网络安全而开展的斗争活动。为方便描述，本书将对抗参与方称为对抗实体，并假设具有竞争关系的对抗实体只有两个。本节首先介绍几类典型的网络安全对抗活动，然后总结出一个网络安全对抗模型。

1.3.1　网络安全对抗活动

信息战、网络入侵、实战演练、攻防比赛是与网络安全相关的四种典型的对抗活动。如表1-2所示对四种活动的特征进行了对比。下面分别对四种活动进行介绍。

表1-2　四种网络安全对抗活动的对比

活动类型	真实场景	实质损害	生命风险	双向攻击	对手明确
攻防比赛	否	否	否	是	是
实战演练	是	否	否	否	是
网络入侵	是	是	否	否	否
信息战	是	是	是	是	是

1. 信息战

信息战是网络安全对抗的最高形式，它通过攻击敌方信息系统，同时保护己方信息体系来获取信息优势，从而达成战争目标。

信息战早期的表现形式是电子战。在1905年的日俄海战中，日军舰队利用无线接收装置窃听对方通信，掌握了俄军舰队的航行路线。在交火中，日军舰队干扰俄军舰队的无线通信信道，使得俄军舰队难以相互联络，从而帮助日军舰队获得胜利。

现代意义上的信息战出现得更晚。1976年，美国军事理论家汤姆·罗那在《武器系统与信息战争》首次提到"信息战争"一词，并提出"信息战争是决策系统之间的斗争"的观点。1985年，美国海军阿尔卡·加洛塔少将发表文章，提出用"信息战"代替"电子战"的概念。在1991年的海湾战争中，美军引入大量信息化武器，在短时间内以较小的成本获得了战场优势。美国国防部一名官员在其著作《第一场信息战》中认为，在海湾战争中一盎司硅片比一吨铀的作用更大。自海湾战争后，信息战在战争中的作用越来越大。

2022年起爆发的俄乌军事冲突中，信息战对交战双方也起到重要影响。在舆论信息战中，双方利用互联网传播对自己有利的消息和主张，并竭力封锁对方的宣传。此外，深度伪造技术被用于制作关于对方领导人的虚假发言视频，在互联网上引发了轰动。在网络信息战中，乌克兰政府部门、银行系统和关键基础设施遭遇了持续、系统的网络攻击，其中分布式拒绝服务攻击致使多个乌克兰政府网站下线。与此同时，俄罗斯也遭到黑客组织的大规模网络攻击。在实战中，乌克兰电信基础设施在导弹攻击下一度瘫痪，不得不借助美国公司提供的卫星通信网络恢复通信能力。另一方面，俄罗斯在传统军事实力占优的情况下推进受阻,这与对方在信息战中的优势有着密切的关系。

信息战是发生在真实世界中的对抗活动,可能会对业务和资产造成损害。如果采用物理攻击(如火力袭击)甚至可能威胁到人员的生命安全。

2. 网络入侵

网络入侵是指攻击者利用网络获得系统访问权限或提升其权限的非法活动。在获取一定权限后,攻击者一般会开展破坏活动,如窃取信息、修改数据,或者以当前系统为跳板入侵其他系统等操作。

计算机网络诞生以来一直面临着网络入侵的威胁。一般认为,最早的蠕虫程序是Creeper,由美国BBN公司职员Bob Thomas在1971年开发。它是一个实验性质的程序,可在互联网的雏形ARPANET上进行传播,但没有恶意行为。1979年,知名黑客Kevin Mitnick入侵美国数字设备公司的计算机网络,窃取了该公司的软件。1988年,康奈尔大学的研究生Robert Morris编写了一个蠕虫程序。该程序利用了UNIX系统的漏洞获取远程主机的控制权,并在网络中进行快速传播。尽管Robert Morris的本意不是造成破坏,但该程序最终感染了数千台计算机,并造成了大规模的混乱和经济损失。1998年,中国大学生陈盈豪在大学就读期间制作了CIH病毒。该病毒能够修改硬盘数据,并对某些计算机主板的BIOS程序进行改写,可造成计算机硬件的损坏。1999年,CIH病毒在全球大规模暴发,造成数千万台计算机不同程度的破坏。

21世纪以来,网络入侵采用的技术和方法更加先进和复杂。高级持续性威胁(Advanced Persistent Threat, APT)是由组织严密的团队针对特定的目标开展的长期攻击。多个政府机构和金融组织都曾被APT成功入侵。受害者也包括谷歌、雅虎、Adobe、赛门铁克等知名的信息技术企业。

网络入侵一般是攻击者对系统的单向攻击。攻击者入侵网络的目的通常是窃取信息或进行破坏,因此一般会对系统或业务造成实质性损害。与其他几项网络对抗活动不同,攻击者在网络入侵的过程中一般会尽量隐藏个人信息,因此防御者通常不清楚攻击者的身份。

3. 实战演练

网络安全攻防演练是针对特定目标的网络安全开展的实战演习活动。军事上的实战演练是最接近真实战斗的活动,可有效地检验和提高部队的作战能力。类似地,真实场景下的网络安全攻防演练在不影响业务系统正常运行的前提下,可以发现目标网络中存在的安全漏洞和隐患,完善目标单位安全监测预警和应急响应机制,提升工作人员的专业技能和安全意识,检验安全技术人员的防御技能,检查各部门之间的协同响应能力。

目前,我国关键信息基础设施面临着严峻的网络安全挑战。关键信息基础设施主要指为公共事业、能源、通信、金融、交通等行业提供支持或者为公众提供服务的信息系统。近年来,针对我国的网络窃密、监听等攻击事件频发。工业控制系统受到严重威胁,一些重要网站的数据泄露事件也不断出现。2017年6月1日,《中华人民共和国网络安全法》正式施行,要求关键信息基础设施的运营者应当“制定网络安全事件应急预案,并定期进行演练”。

网络安全攻防演练一般涉及三方,分别为蓝队、红队和紫队。

蓝队是攻防演练中负责攻击的团队。蓝队主要负责针对目标单位的工作人员及网络系统开展综合性的模拟攻击，利用多种技术手段实现窃听、提权、控制等目的。与入侵者不同，蓝队成员的目标是发现系统薄弱环节以改善系统安全。入侵者有时只需要发现系统的一个漏洞即可实现其目标，而蓝队成员则需要尽可能多地发现系统中存在的安全问题。

红队是攻防演练中负责防御的团队。红队通常由来自多个单位的成员构成，包括目标系统的运营单位、网络运维队伍、安全厂商、信息系统供应商和攻防专家等。在演练前的准备期间，红队负责对目标系统进行安全检查和改进；在演练开展期间，红队的主要工作是对网络和系统进行监测、分析和响应；当演练结束后，红队对演练过程进行复盘总结，并提出整改计划。

紫队是攻防演练的组织方。紫队的工作包括对整个演练过程进行管理和监控，为攻防演练提供技术指导和应急保障，协调和组织红队和蓝队的活动，当演练结束后开展活动总结和优化建议等。此外，对于某些不适合执行的危险操作或者不适合参与演练的系统，紫队可以组织红蓝两队以沙盘推演的方式评估其安全风险。

国外某些国家和地区较早地开展了网络安全攻防演练活动。GridEx 是北美最大的电网安全演习，自 2011 年以来每两年举办一次。在 2021 年 11 月为期两天的分布式演练中，共有包括电力公司、联邦和州政府、制造商和支持行业在内的 700 多个组织参加。GridEx 电网安全演习已成为北美同类演习中最大的分布式演习。在 2021 年的演练活动中，特别考虑了供应链攻击、勒索软件攻击、APT 攻击等网络攻击手段。“锁盾”是北约网络合作防御卓越中心主办的大型跨国网络演习，自 2012 年以来每年举行一次。该活动分为技术演习和战略演习两个部分。在技术演习中，各参赛队对电力、金融等 8 个领域中的攻击活动进行防御。

2017 年左右，在国内监管单位的推动下，一些负责关键信息基础设施的单位开始参与网络安全攻防演练。从 2018 年开始，部分省份或行业主管部门开始组织攻防演练活动。在过去几年中，参加演练的单位和行业数目逐年递增，演练规模和成熟度不断提高。网络安全攻防演练中的对抗活动增强了参与双方的技术能力和安全意识，已成为促进各单位网络安全防护能力的重要手段。

实战演练在真实场景中模拟攻击者和防御者之间的对抗过程。实战演练需维系真实性和破坏性二者的平衡。相比于其他网络安全对抗活动，实战演练更加贴合实战，虽然不限制攻击路径和手段，但也不会造成较大的破坏性影响。

4. 攻防比赛

网络安全攻防比赛是一种模拟真实场景开展的网络安全专业竞赛。典型的网络安全攻防比赛是夺旗赛(Capture The Flag, CTF)中的攻防赛(Attack With Defense, AWD)。CTF 比赛起源于 20 世纪 90 年代的 DEFCON(DEF CON Hacker Convention，全球黑客大会)，目前已成为全世界网络安全爱好者关注的重要赛事之一。由于 CTF 比赛将专业知识和比赛乐趣相结合，许多信息安全专业的学生也把参与 CTF 比赛作为学习和练习专业技能的一个重要途径。

AWD 是 CTF 线下赛中的主要比赛形式。AWD 体现了网络安全的对抗特性，竞争激烈且具有较高的观赏性。参赛队伍在受控网络环境中开展攻击和防御活动。比赛一般持续两天以上,对参赛选手的能力、体力和团队合作均有较高要求。具体而言,AWD 一般设置了多个题目。每个参赛队伍的服务器中存在多个相同的漏洞。各队伍选手的目标是发现漏洞,并利用漏洞攻击其他队伍的服务器获得积分,同时修补自己服务器中的漏洞避免被攻击而丢分。

相比其他国家,国内团队参与 CTF 国际比赛的时间较晚,但近年来发展迅速并取得较好的成绩。2013 年,清华大学 Blue-Lotus 战队首次入围 DEFCON CTF 全球总决赛。2015 年,上海交通大学 0ops 战队一举夺得 CodeGate 2015 决赛冠军,成为国内首次获得国际 CTF 冠军的战队。2020 年,腾讯 A＊0＊E 联合战队首次斩获 DEFCON CTF 全球冠军。

同时,国内也开始举办一系列 CTF 比赛。2014 年,国内举办了第一届 XCTF 国际网络攻防联赛。2016 年,第九届全国大学生信息安全竞赛首次增加了创新实践能力赛,其中线下决赛采用 CTF 的攻防赛制。通信、金融等领域也组织了行业内的 CTF 比赛。许多比赛的参赛规模达到了数万人。

网络安全攻防比赛的主要目的是学习、练习和展示技巧,参赛者还能在比赛过程中享受网络攻防的乐趣。与其他网络对抗活动不同,攻防比赛的环境是对真实场景的模拟,因此不会对真实世界造成实质性损害。

1.3.2 网络安全对抗模型

图 1.4 对四种网络安全对抗活动进行了总结,展示了一个关于网络安全对抗的模型。在该模型中,一个对抗实体涉及的五种主要活动如下。

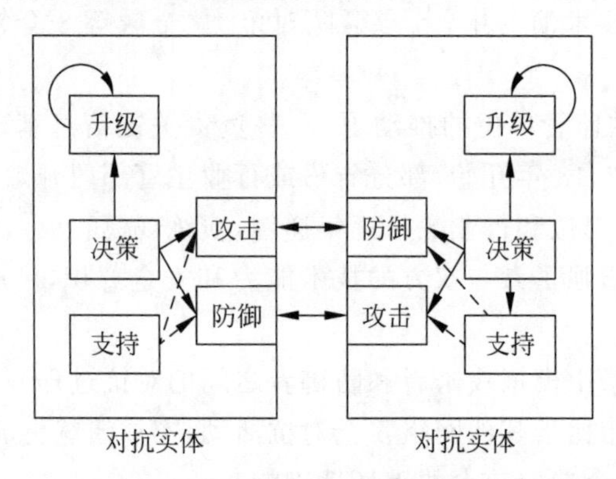

图 1.4　网络安全对抗模型

(1) 攻击：攻击活动的目的是破坏对方的网络安全,包括窃听、伪造、篡改、越权、滥用、欺骗等活动。典型的网络攻击技术包括信道监听、中间人攻击、暴力破解口令、恶意软件攻击、拒绝服务攻击、社会工程攻击等。

(2) 防御：防御活动的目的是保护己方的网络安全,包括预防、检测、防护、诱骗、追踪等活动。典型的网络安全防御技术包括密码学技术、用户认证技术、访问控制技术、防火墙技术、入侵检测技术、恶意软件检测技术、蜜罐、IP 追踪技术等。

(3) 支持：支持活动为己方的攻击和防御活动提供帮助。支持活动一般是辅助性工作而非直接的攻击或防御活动,并且可同时用于攻击和防御两种目的。典型的支持活动包括员工培训、情报搜集、网络扫描等。

(4) 升级：升级是指根据对抗过程与结果的反馈，对己方的制度、人员、设备和技术等各方面进行改进，以提高己方的对抗能力。

(5) 决策：决策是根据当前状况和未来目标，确定攻击、防御、支持和升级四个方面策略。决策可分为两类：对内策略，主要实现安全、效率和成本之间的折中；对外策略，争取最大限度的胜利。

如图 1.5 所示为网络安全对抗的层次图。一个对抗实体可分为物理层、信息层和认知层。

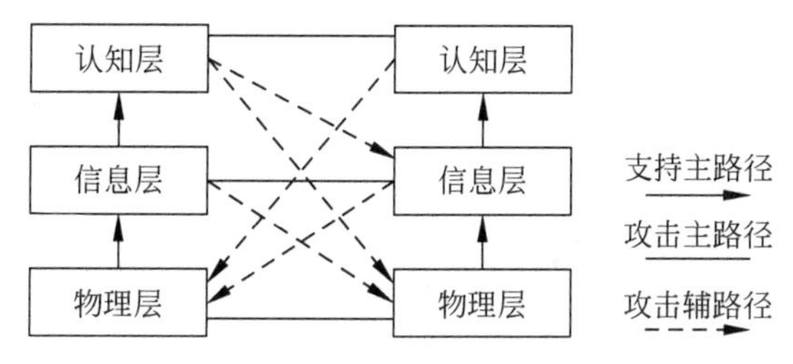

图 1.5　网络安全对抗层次图

(1) 物理层：物理层由计算机网络中的物理对象组成，例如网络、主机、设备、辅助单元(如电源、电线、机房等)。物理层面临的典型威胁包括火力打击、电磁武器、自然灾害、人为破坏等，一些恶意软件也可能造成物理系统的损坏。

(2) 信息层：信息层由计算机网络中的逻辑对象组成，例如操作系统、软件、文件、网络协议等。信息层面临的典型威胁包括数据泄露、网络入侵、拒绝服务攻击等。合法用户也可能对信息层造成破坏。

(3) 认知层：认知层由计算机网络的用户组成，例如远程访问用户、网络设备维护人员、系统管理者、对抗决策人等。认知层面临的典型威胁包括欺骗、恐吓、诱惑等。物理攻击也可对认知层造成直接伤害。

图 1.5 同时列出了网络安全对抗中的三种路径。

(1) 支持主路径：指对抗实体内部各层次之间的主要支持路径，其中物理层为信息层提供物质支持，信息层为认知层提供数据和服务支持。

(2) 攻击主路径：指两个对抗实体之间最常见的对抗路径，其特点是对等层之间的攻击，即物理层对物理层、信息层对信息层、认知层对认知层。

(3) 攻击辅路径：指两个对抗实体之间除主路径以外的攻击路径。举例如下。

① 信息层攻击物理层：例如，某些恶意软件通过破坏机房的保温系统、使设备超负荷工作产生破坏。

② 信息层攻击认知层：例如，在网络中散布谣言以欺骗用户。

③ 认知层攻击物理层：例如，用户损坏网络设备、关闭主机电源、拔掉网线等。

④ 认知层攻击信息层：例如，用户对文件的非授权阅读和修改操作。

利用物理层对象直接攻击其他两层的情况比较少见。但是广义的物理攻击(如火力攻击、电磁攻击)同样会破坏信息层和认知层对象。受篇幅所限，本书重点介绍信息层与信息层之间的对抗。

视频讲解

1.4 本书的使用方法

1.4.1 “对抗式学习”教学法

考虑到网络安全的对抗性特点,建议在使用本书时采用“对抗式学习”教学法。“对抗式学习”是一种通过多轮对抗活动提高学生技能的教学方法。

“对抗式学习”的实施需要两个小组围绕一个主题开展多轮对抗。如图 1.6 所示为“对抗式学习”的典型过程,包括项目准备阶段、多轮对抗阶段和项目汇报阶段。

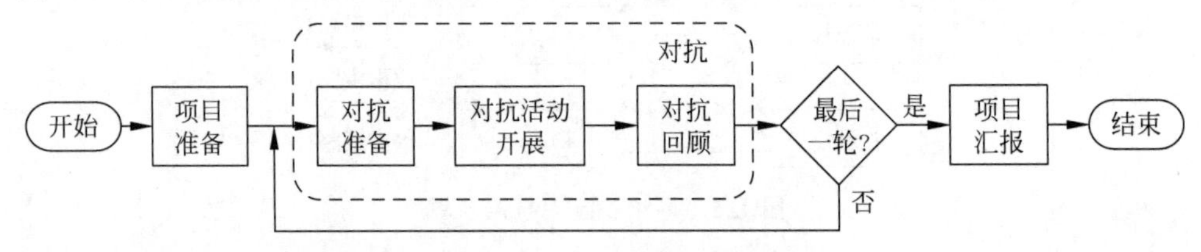

图 1.6 “对抗式学习”的典型过程

(1) 项目准备阶段:完成分组、选题和项目规划。在这个阶段,两个小组就对抗的主题、内容和评分标准达成一致。

(2) 多轮对抗阶段:由多个单轮对抗构成,其中单轮对抗过程包括对抗准备、对抗活动开展和对抗回顾三个子阶段。

① 对抗准备:为对抗活动作准备,包括定义问题、提出解决方案、获取相关资源、学习相关知识、练习技能、与对手及队员交流等活动。

② 对抗活动开展:与对手开展对抗活动,一般在课堂上开展。

③ 对抗回顾:回顾本轮对抗的收获和不足,确定在下轮对抗中要提高的技能。

(3) 项目汇报阶段:学生总结整个项目,教师评价学生表现。

“对抗式学习”的首要目标是培养学生的技能。将学生置于尽量真实的竞争场景下,“对抗式学习”帮助学生在多轮对抗中不断学习、练习、交流、实践,从而实现提高学生技能的目标。“对抗式学习”中的项目应体现以下三个特点。

(1) 真实性:项目的背景和场景设置接近真实世界,项目的评价指标具有现实意义,学生在对抗活动中的表现可以体现出他们对技能的掌握程度;

(2) 对抗性:学生尽力在每轮对抗活动中取胜,为实现这一目标学生需要主动学习;

(3) 多回合:项目一般包括多个回合的对抗,通过对抗活动学生可发现自己的不足并进行改进,从而不断提高个人技能。一般而言,第一轮活动以搭建基本环境、开展简单对抗为主,第二轮可以提高对抗的难度和复杂性,之后的对抗活动则更加注意学习新技术,同时也重视对学生创造性思维的培养。

1.4.2 本书使用方法

本书除了理论知识外,在第 3~7 章末尾处均设置有 1 个课程项目,可作为“对抗式学习”项目内容的参考。关于如何使用书中的理论知识和课程项目,推荐采用以下四种方案。

方案一：翻转模式。课程主要包括线上自学和课堂讨论两个环节。翻转模式下的理论教学主要采用学生在线自学的方式。课堂上教师与学生开展互动，回答学生的疑问，指导学生开展对抗活动。采用此种模式，课堂时间充分，每组学生可完整地开展 2～5 个对抗项目。

方案二：项目模式。课程主要包括理论教学、对抗式项目和实验。每组学生选择 1 个项目开展完整的多轮对抗，其他项目以实验课的方式开展 1～2 轮的对抗活动。教师在课堂上讲授基本知识并请学生进行对抗展示。

方案三：实验模式。课堂以理论教学为主，对抗项目在实验课程中开展。在实验课中用 6～12 个学时完成至少 1 个完整的多轮对抗项目。

方案四：自学模式。学生自学理论知识，并与其他学生组队进行多轮对抗。该模式适合不参加课堂学习的学生。

思考题

1. 画出并解释安全通信模型和安全访问模型。
2. 什么是网络威胁？两类主要的网络威胁是什么？各自的典型代表是什么？
3. 主动攻击与被动攻击的区别是什么？各自有哪些典型的方法？
4. 安全策略、安全服务和安全机制的含义是什么？三者之间的关系是什么？
5. OSI 安全体系结构有哪些安全服务和安全机制？
6. 网络安全领域有哪些典型的对抗活动？各自的特点是什么？
7. 网络安全对抗模型包含哪些主要活动？
8. 什么是“对抗式学习”教学法？它的主要特点是什么？
9. 简述“对抗式学习”教学法的典型过程。

第 2 章

密码学基础

CHAPTER 2

密码学是信息安全领域的一个重要组成部分，它也可为其他网络技术（如网络协议）提供安全支持。本章对各种类型的密码算法进行总结，并简述它们在一些重要的互联网协议中的应用。受篇幅所限，对每种类型的密码算法仅从接口的层面进行介绍，包括算法的用途、安全要求、特点和输入输出等信息。关于特定密码算法的技术细节请参考密码学教材。

本章首先介绍对称加密，包含分组密码和流密码；其次介绍公钥密码体制，包含非对称加密、数字签名和密钥共享；然后介绍安全散列函数；最后介绍以密码学技术为基础的几个网络协议，即 IPSec、SSL 和 S/MIME 协议。

2.1　对称加密

对称加密技术是为数据通信和数据存储提供机密性保护的一种常用的基础技术。本节首先介绍对称加密的基本概念，然后介绍两个主要的对称加密类别，即分组密码和流密码。

对称加密的出现已有几千年历史。在 20 世纪 70 年代公钥加密技术出现以前，它是唯一的加密类型，至今它仍是两种加密类型中使用较频繁的一种。

如图 2.1 所示，对称加密方案涉及五个部分。

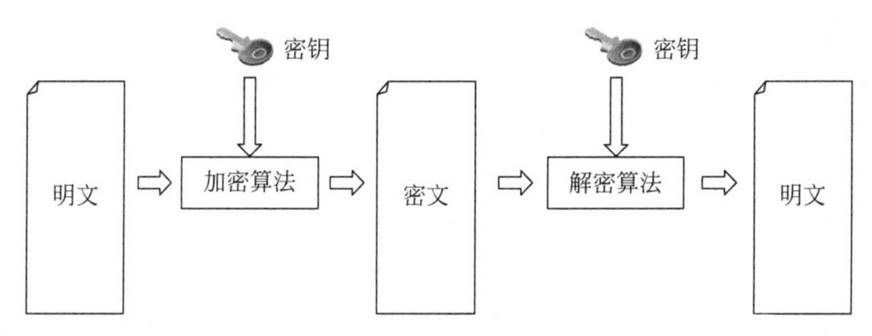

图 2.1　对称加密方案示意图

(1) 明文(plaintext)：明文一般指需要保密的数据或消息，是加密算法的输入。

(2) 密钥(secret key)：密钥是加密方和解密方所持有的秘密信息，作为加密算法和解密算法的输入。

(3) 加密算法(encryption algorithm)：加密算法对明文进行各种变换，将其转换为密文。变换过程应依赖于密钥。在对称加密方案中，加密算法可用函数接口表示如下。

```
ciphertext = symmetric_encrypt (plaintext, secret_key)
```

(4) 密文(ciphertext)：密文是加密算法的输出，密文应很好地掩盖明文的内容和模式。

(5) 解密算法(decryption algorithm)：利用产生密文时所用的密钥，解密算法可以将密文恢复为明文。在对称加密方案中，解密算法可用函数接口表示如下。

```
plaintext = symmetric_decrypt (ciphertext, secret_key)
```

在以上过程中，由于加密算法和解密算法使用同一个密钥，因此将该方案称为对称加密方案。对称加密的安全使用应满足三个要求。

(1) 密钥应难以猜测。暴力攻击(brute-force attack，也称为蛮力攻击或穷举攻击)是针对加密算法的简单攻击方法。该方法尝试所有可能的密钥，以找到正确密钥。假设密钥是从 n 个可能的密钥中随机产生的，则攻击者平均需要尝试 $n/2$ 次。若密钥产生具有一定的规律性，则攻击者可能只需要很少的尝试次数。为使密钥难以猜测，可以增大密钥的长度。例如随机产生的 b 比特密钥对应的密钥的可能个数为 2^b。

(2) 密钥应采用安全的方式共享。对称加密方案要求加密方和解密方使用相同的密钥。如果两者不在同一个地点，则必须以一种安全的渠道实现密钥的传递或共享。如果在共享过程中密钥被盗取，则所有的加密通信将被窃听。

(3) 加密算法应足够安全。这里的安全是指加密算法应能抵抗各种已知的密码分析(cryptanalysis)方法。这些方法可以归为四种类型。

① 唯密文分析：攻击者可以获得大量的密文。

② 已经明文分析：攻击者可以获得大量的密文及其对应的明文。

③ 选择明文分析：攻击者可以选择任意的明文，并获得其对应的密文。

④ 选择密文分析：攻击者可以选择任意的密文，并获得其对应的明文。

2.1.1 分组密码

分组密码是使用最广泛的对称加密算法。它对一个固定长度的明文分组进行处理，将其转换为等长的密文分组。典型的分组长度为64比特、128比特、256比特等。由于实际的消息或文件的长度可能远远超过分组长度，此时需要把它们分成多个分组，然后对每个分组进行加密。最简单的多分组加密方式是电子密码本模式(Electronic CodeBook，ECB)。它对每个分组单独加密，每个分组的密文不受其他分组影响。图2.2描述了ECB加密模式。

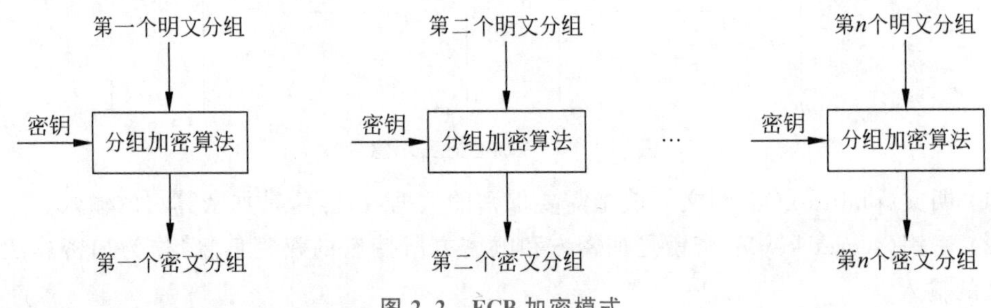

图2.2 ECB加密模式

对于较长的消息，ECB模式可能不安全，例如相同的分组产生的密文是相同的，这个规律可被攻击者利用。为了解决这一问题，提出了其他的操作模式(mode of operation)，如密码分组链接模式(Cipher-Block Chaining，CBC)、密文反馈模式(Ciphertext FeedBack，CFB)、输出反馈模式(Output FeedBack，OFB)、计数器模式(Counter mode，CTR)等。这些模式克服了ECB的缺点，每个模式适用于不同的应用需求。

典型的分组密码算法有数据加密标准(Data Encryption Standard，DES)算法和高级加密标准(Advanced Encryption Standard，AES)算法。DES算法自20世纪70年代起在世界范围内被广泛使用。DES算法的分组长度为64比特，密钥长度为56比特。56位密钥对应 2^{56} 个不同的密钥，大约有 7.2×10^{16} 个。在DES算法提出的很长一段时间内，56比特的密钥被认为是安全的。但是随着计算机处理器的快速发展，该密钥长度已经不再安全。如今的个人计算机已经可以在几小时内成功实施对DES算法的暴力攻击。

为解决这一问题，一些新的加密算法被提出和使用。AES算法是近年来被广泛使用的加密算法。它的分组长度为128比特，支持的密钥长度为128比特、192比特和256比特。目前已经广泛应用于各种商业产品中。自2001年成为正式标准以来，目前还未有关于AES算法存在严重安全问题的报道。

2.1.2 流密码

分组密码每次处理一个明文分组，将其转换成密文分组。一个分组一般由多个字节构成。流密码(stream cipher)则对数据流进行操作，每次输入一个明文元素，处理后输出一个密文元素，这个元素通常是一字节或一比特。流密码就这样持续不断地处理，从而将明文流转换成密文流。流密码这种持续不断的特点意味着其内部有一个暗含的状态，它在加密过程中不断改变。

如图 2.3 所示为一个典型的流密码工作原理图。流密码系统内部有一个状态机，它根据密钥持续改变其内部状态，一个变换函数将内部状态 S_i 映射为元素 Q_i，Q_i 与第 i 个明文元素 P_i 进行简单运算（如异或），获得对应的密文元素 C_i。由于该过程是持续不断的，全体 P_i 构成了明文流，全体 C_i 构成了密文流，全体 Q_i 构成了密钥流。以上过程从总体上也可看作明文流与密钥流运算产生了密文流。在更复杂的机制中，密钥流或密文流也会作为状态机的输入。

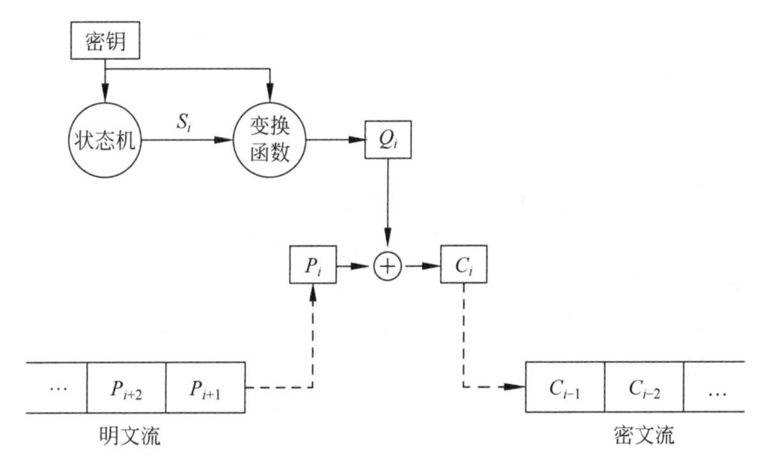

图 2.3　典型的流密码工作机制

流密码的解密过程与加密是类似的。解密方使用与加密方相同的方式不断产生 Q_i，Q_i 再与 C_i 运算恢复 P_i。如果采用图 2.3 的模式，解密方应有机制确保密文流与密钥流是同步的，即用于解密 C_i 的应为 Q_i，而非其他元素。

除了满足对称加密的安全要求外，流密码还要求其产生的密钥流具有高度的随机性。若攻击者能发现密钥流的模式，则有可能从密文中恢复明文。

与分组密码相比，流密码往往加密速度更快、实现所需的代码更少。在处理数据流时，一旦明文到达流密码就可以加密，分组加密则需要等待分组缓冲区被明文填满时才能加密。分组密码的优势是密钥可以重复使用，而流密码的密钥只能使用一次，因为同一个密钥产生的密钥流是相同的。此外，流密码还需要解决密钥流的同步问题。

由于分组密码和流密码各自的特点，对于流式数据，如数据流或网络通信，流密码是很好的选择；对于块状数据，如文件、电子邮件和数据库，采用分组密码更加合适。在实践中，两类加密算法经适当的改造也可以用于所有类型的数据。例如，采用 OFB 或 CFB 模式的分组密码算法可以看作一种特殊的流密码。

2.2　公钥密钥体制

1976 年，Diffie 和 Hellman 首次提出了公钥加密的思想，这是密码领域的一次革命性的进步。公钥密码使用两个单独的密钥，而对称加密在加密和解密时使用相同的密钥。公钥密码使用的两个密钥一个是公开的,称为公开密钥(public key,简称公钥),另一个是保密的,称为私有密钥(private key,简称私钥)。公钥密码体制一般基于数学函数,其性质应确保从公钥推导出私有密钥在计算上是不可行的。这里的不可行一般指算法的时间复杂度相对于密钥长度是指数级的。

公钥密码体制的应用不只限于加密。事实上,公钥密码体制可分为三类不同的应用:非对称加密、数字签名和对称密钥分发。典型的公钥密码算法有 Diffie-Hellman 算法、RSA 算法和 DSS 算法等。

1976 年,Diffie 和 Hellman 在一篇开创性的论文中给提出公钥密钥学的概念,以及 Diffie-Hellman 密钥交换算法。许多网络产品至今仍使用该算法进行密钥共享。该算法可支持两个用户协商出相同的密钥,以便用该密钥实现基于对称加密技术的保密通信。该算法不能用于实现非对称加密和数字签名。

1977 年,Ron Rivest、Adi Shamir 和 Len Adleman 提出了第一个非对称加密算法 RSA。在过去几十年以来,RSA 的安全性经受了足够的考验。1994 年,一个研究小组利用 Internet 上的 1000 多台计算机破解了公钥长度为 400 比特的 RSA 算法。即便如此,目前普遍使用的 1024 位长度的 RSA 密钥被认为是足够安全的。除了非对称加密外,RSA 算法还可用于数字签名和对称密钥分发。

1994 年,美国国家标准与技术研究所发布了 DSS 算法。DSS 只提供数字签名功能,不能用于加密和密钥分发。

如表 2-1 所示,列出三种典型的公钥密码算法支持的应用类型,以下对这些应用类型进行详细介绍。

表 2-1 典型的公钥密码算法及其支持的应用类型

算　　法	非对称加密	数 字 签 名	对称密钥分发
Diffie-Hellman	否	否	是
RSA	是	是	是
DSS	否	是	否

2.2.1 非对称加密

非对称加密的目标与对称加密相同,即保护数据的机密性。然而,对称加密要求加密和解密方拥有相同的密钥,而非对称加密使用的加密密钥和解密密钥不同。如图 2.4 所示为非对称加密的工作机制。

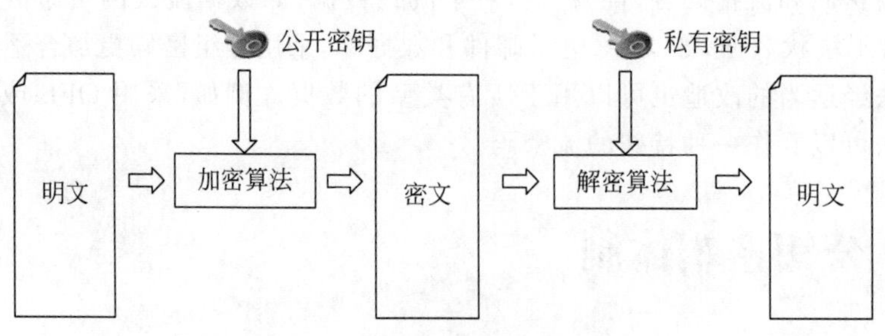

图 2.4 非对称加密的工作机制

非对称加密方案由 6 个部分组成。

（1）明文（plaintext）：明文一般指需要保密的数据或消息，是加密算法的输入。

（2）公开密钥（public key）：公开密钥是可以公开给他人使用的密钥，在非对称加密方案中用于加密。

（3）加密算法（encryption algorithm）：加密算法利用公开密钥对明文进行计算，将其转换为密文。在非对称加密方案中，加密算法可用函数接口表示如下。

```
ciphertext = asymmetric_encrypt (plaintext, public_key)
```

（4）密文（ciphertext）：密文是加密算法的输出。

（5）私有密钥（private key）：私有密钥是只有其拥有者才可访问的密钥，在非对称加密方案中用于解密。

（6）解密算法（decryption algorithm）：解密算法利用私有密钥对密文解密，将密文恢复为明文。在非对称加密方案中，解密算法可用函数接口表示如下。

```
plaintext = asymmetric_decrypt (ciphertext, private_key)
```

下面以 Bob 向 Alice 发送加密消息为例，说明两人如何利用非对称加密算法进行安全通信。

（1）Alice 产生一对密钥，其中公钥用于加密，私钥用于解密。

（2）Alice 将私钥存放在仅自己可以访问的位置，将公钥存放在其他人可公开访问的位置。

（3）Bob 获取 Alice 的公钥，并用公钥对消息加密，然后将加密后的消息发送给 Alice。

（4）Alice 收到消息后，用自己的私钥对其解密。其他人即使截获了加密后的消息，由于没有 Alice 的私钥，也无法解密出消息。

在非对称加密方案中，由于公钥可以公开发布，省去了加解密双方共享同一密钥的流程，而密钥共享在许多场景下是不方便的。

2.2.2　数字签名

数字签名技术可用于实现身份认证、数据完整性验证和防签名抵赖等功能。数字签名技术利用用户的私钥对信息或文件进行处理，生成一段信息（称为数字签名，简称签名）。若签名被验证通过，则可以表明消息签名人的身份，并证明信息未被篡改。如图 2.5 所示为一个典型的数字签名生成与验证过程。

数字签名方案由 6 个部分组成。

（1）信息（message）：信息是需要被签名的信息或文件，是签名生成算法的输入。

（2）私钥（private key）：私钥是只有签名人才可访问的密钥，在数字签名方案中用于生成签名。

（3）数字签名生成算法（digital signature generation algorithm）：数字签名生成算法利用私钥对信息进行计算，输出数字签名。在数字签名方案中，数字签名生成算法可用函数接口表示如下。

```
signature = signature_generate (message, private_key)
```

（4）数字签名（signature）：数字签名是签名生成算法的输出。

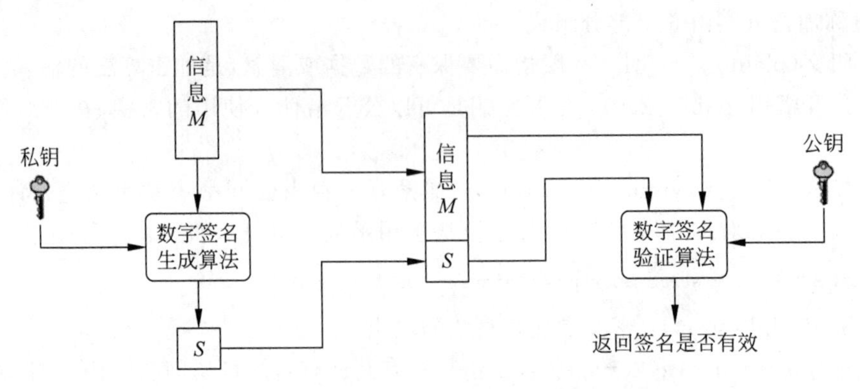

图 2.5 数字签名生成与验证的过程示意图

(5) 公钥(public key):公钥是可以公开给他人使用的密钥,在数字签名方案中用于验证数字签名。

(6) 数字签名验证算法(digital signature verification algorithm):数字签名验证算法利用公钥对信息和签名进行验证,验证结果为验证成功或验证失败。签名验证算法可用函数接口表示如下。

```
result = signature_verify (message, signature, public_key)
```

DSS(Digital Signature Standard,数字签名标准)算法是遵循以上过程的典型算法。有的签名验证算法(如基于 RSA 的数字签名)不需要输入原始消息,它的签名实际是用私钥对 message 的加密结果。

注意数字签名技术并不提供机密性保护,这从签名验证方法的参数可以看出。即使签名是私钥对消息加密结果也不能保证其机密性,因为可以用公钥对签名进行解密,而公钥可以从公开渠道获取。

下面以 Bob 向 Alice 发送消息签名为例,说明两人如何利用数字签名技术进行消息来源和消息完整性验证。

(1) Bob 产生一对密钥,其中公钥用于加密,私钥用于解密。

(2) Bob 将私钥存放在仅自己可以访问的位置,将公钥存放在其他人可公开访问的位置。

(3) Bob 使用自己的私钥对消息进行签名,然后将消息及签名发送给 Alice。

(4) Alice 获取 Bob 的公钥,并用 Bob 的公钥对签名进行验证。若验证成功,说明该消息确由 Bob 签名和发送,且消息未被篡改;若验证失败,说明该消息或者被修改,或者不是由 Bob 签名的。

以上过程说明数字签名技术可以具有以下功能或特性。

(1) 身份认证:通过验证数字签名可以判断签名者的身份,因为只有能访问私钥的用户才能产生该签名。

(2) 消息完整性验证:如果数字签名验证通过,说明该消息自签名后未被篡改。

(3) 防签名抵赖:若用户为某个消息生成了签名,则他不能否认该事实,因为只有他能利用自己的私钥生成此签名。

当用于身份认证目的时，以上过程存在特定的攻击方法，详细内容可参见 3.3.1 节。

2.2.3 对称密钥分发

对称加密要求加密方和解密方拥有相同的密钥。如果加解密双方不在同一个地方，要找到安全渠道共享密钥是困难的。公钥密码体制可以用于分发对称密钥。

假设 Alice 和 Bob 希望共享密钥，一种利用公钥密码体制共享密钥的典型过程如下。

(1) Alice 和 Bob 分别产生各自的私钥和公钥；

(2) Alice 和 Bob 将自己的公钥发送给对方；

(3) Alice 利用自己的私钥和 Bob 的公钥计算一个密钥 A；

(4) Bob 利用自己的私钥和 Alice 的公钥计算一个密钥 B。

当算法设计恰当时，A 和 B 应是相等的。此时 Alice 和 Bob 合作计算出一个共同的密钥。由于其他人没有 Alice 或 Bob 的私钥，因此无法推断出他们计算出的共同密钥。Diffie-Hellman 密钥协商算法就采用了这一过程。

事实上，利用非对称加密也可实现对称密钥的分发，过程如下。

(1) Bob 产生自己的私钥和公钥，并将公钥存放在可以公开访问的位置；

(2) Alice 生成一个对称加密密钥，利用非对称加密算法和 Bob 的公钥对该对称加密密钥进行加密，将加密结果发给 Bob；

(3) Bob 用自己的私钥对加密结果解密，从而获得 Alice 生成的对称加密密钥。

由此 Alice 和 Bob 拥有了相同的对称加密密钥。由于其他人没有 Bob 的私钥，因此无法获得解密得到对称加密密钥。

与对称加密相比，非对称加密不需要双方拥有相同的密钥，这为其应用带来很大便利。但是对称加密算法的计算效率通常比非对称加密高很多。因此，在网络通信中一般不直接使用非对称加密对数据加密，而是先利用非对称加密或对称密钥分发算法共享密钥，再使用对称加密算法对数据进行加密。

2.3 安全散列函数

散列函数(hash function)在计算机的多个领域(如数据结构设计、数据库实现、大数据处理)中被广泛使用。它对任意长度的输入数据进行处理，将其转换为一个固定长度的输出。该输出被称为散列值，长度通常较短，如几比特到几百比特。散列函数可用函数接口表示如下。

$$h = H(M)$$

其中，h 为散列值，M 为输入数据。由于输入数据可能的数量大于散列值可能的数量，必然存在某些输入数据的散列值是相同的，这一现象称为碰撞。当散列函数用于信息安全应用时，应确保碰撞的概率足够小。一个安全散列函数应具有以下特性。

(1) 单向性：也称为不可逆性，即对于任意给定的 h，要找到 M，使 $H(M)=h$ 在计算上是不可行的；

(2) 弱抗碰撞性：对任意给定的M,要找到$M' \neq M$,使$H(M)=H(M')$在计算上是不可行的；

(3) 强抗碰撞性：找到任意两个不相等的消息M和M',使$H(M)=H(M')$在计算上是不可行的。

只满足单向性和弱抗碰撞的散列函数称为弱散列函数,满足以上三个特性的散列函数称为强散列函数。在讨论安全散列函数的应用时,将看到以上三个特性的重要性。

对安全散列函数的暴力攻击力图找到消息或消息对,破坏安全散列函数的三个特性。攻击需要的时间复杂度是不同的。对于n比特的散列值,破坏单向性或弱抗碰撞性需要的时间复杂度为$o(2^n)$,而破坏强抗碰撞性需要的时间复杂度仅为$o(2^{n/2})$。

两类被广泛使用的安全散列函数是MD(Message-Digest,消息摘要)系列和SHA(Secrue Hash Algorithm,安全散列算法)系列算法。MD5是由Rivest于1991年设计的安全散列函数,能够产生128比特的散列值。1994年,两位研究者为MD5设计了一台专业的碰撞搜索器,它能在24天内找到一个碰撞。SHA-1是美国NIST设计的安全散列函数,能够产生160比特的散列值。王小云教授带领的研究小组于2004年、2005年先后找到了MD5和SHA-1两大密码算法的安全缺陷。2002年,NIST发布了新的安全散列算法SHA-256/384/512,长度值分别为256、384和512比特,这些函数统称为SHA-2。2017年,Marc Stevens等找到了SHA-1的一个实际碰撞。虽然SHA-2尚未被攻破,但是SHA-2采用的结构与SHA-1基本相同,因此也存在安全隐患。2012年,NIST发布了与SHA-2结构完全不同的新一代安全散列算法SHA-3。

安全散列函数在信息安全中有广泛的应用,至少可以分为三类。

(1) 口令存储。口令是用户认证的常用方法之一。为了安全,操作系统一般不直接存储口令,而是存储口令的散列值。如果散列函数满足单向性,即使攻击者获取了口令的散列值,也无法猜测出口令。

(2) 文件的完整性检查。安全系统(如入侵检测系统或防病毒软件)计算一些重要文件的散列值并保存起来。如果病毒或入侵者修改了这些文件,当安全系统重新计算这些文件的散列值,通过与先前保存的值对比可检测出改动。如果散列函数不具备抗碰撞性,则攻击者有可能修改文件而不改变其散列值,从而躲过系统的检测。

(3) 消息认证。在网络通信中判断消息的发送方及鉴别消息是否被篡改。虽然数字签名技术也可以实现这一目标,但是数字签名的一个缺点是计算速度较慢。事实上,有多种方法可以实现消息认证功能,有的方法可以不使用数字签名。如图2.6所示为两种基于安全散列函数的MAC(消息认证码)生成与验证方法。

第一种方法如图2.6(a)所示,仍然使用了数字签名技术。消息发送者首先计算消息的散列值,然后使用自己的私钥进行数字签名。然后将消息与签名者一起发送给接收者。接收者计算消息的散列值,并用发送者的公钥验证收到的签名是否为散列值的签名结果。由于只需要对较短的散列值进行数字签名,签名的效率大幅提高。这一方案的成功正是基于安全散列函数的强抗碰撞性,它确保攻击者难以找到两个散列值相同的消息,因此在工程中可以假设消息与其散列值是一一对应的。

第二种方法如图2.6(b)所示,只使用了安全散列函数。该方法要求发送方和接收方拥有一个共享秘密(类似对称密钥,但不用于加密)。消息发送者将消息与共享秘密拼接在一

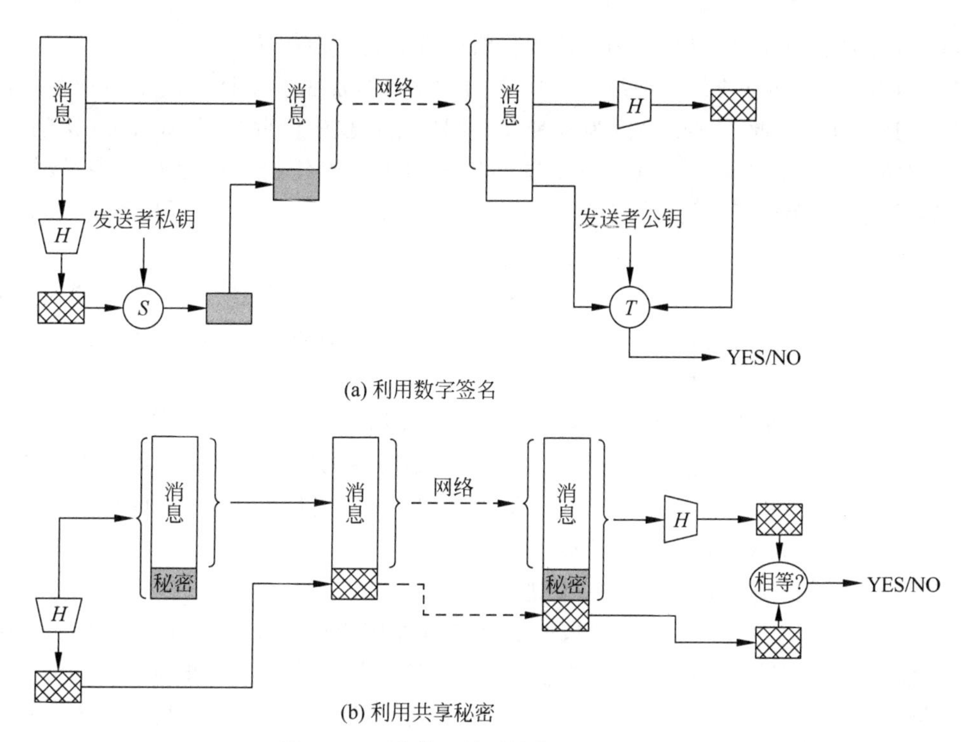

图 2.6　两种基于散列值的消息认证方法

起，然后计算其散列值。该散列值又称为消息认证码（Message Authentication Code，MAC）。发送者将消息与 MAC 发送给接收者。接收者拥有双方的共享秘密，因此可用同样的方法计算出 MAC，如果该值与接收到的 MAC 相等，则认证成功。

第二种方法利用了安全散列函数的三个特性。单向性保证攻击者无法根据散列值恢复出双方的共享秘密，防碰撞性则保证当攻击者修改消息后，MAC 值也会改变。当接收者认证成功后，相信消息未被篡改，同时也能确认消息来自对方，因为只有自己和对方拥有共享秘密。由于仅使用了安全散列函数，该方法比第一种方法更快。第二种方法也有其缺点，一是需要双方共享秘密，二是它不具备防抵赖功能，因为发送方和接收方均可以产生消息的 MAC。

HMAC（Hash-based Message Authentication Code，基于散列函数的消息认证码）算法采用了第二种方法的思路。1997 年，HMAC 算法作为 RFC 2104 发布，它在多个网络协议中被使用，如 IPSec 和 SSL 等。

以上是三类基本的密码学技术，下面介绍这些技术在 IPSec、SSL/TLS 和 S/MIME 等协议中的应用，这几个协议分别位于网络层、传输层和应用层。

2.4　IPSec 协议

TCP/IP 协议在最初设计时对安全需求考虑较少。IPSec 协议的提出就是为了提高 IP 协议的安全性，包括为 IP 通信提供加密、防篡改、数据包来源鉴别、防止重放攻击等功能。IPSec 协议可支持当前广泛使用的 IPv4，也可供未来的 IPv6 使用。IPSec 协议的优点如下。

(1) 安全性：IPSec协议可以为应用提供机密性和完整性保护。

(2) 通用性：IPSec协议在网络层对所有的流量进行加密和认证。由于各种互联网应用均基于IP协议，因此IPSec可以为各种互联网应用提供安全服务，例如Web访问、电子邮件、文件传输、远程登录等。虽然应用层和传输层也可以使用专有的安全协议，但缺乏IPSec的通用性。例如，位于传输层的SSL协议是面向TCP协议的，它可以为HTTP协议提供安全保护，但是不能为基于UDP协议的应用提供服务。

(3) 透明性：IPSec位于网络层，对所有应用都是透明的。当IPSec在路由器或防火墙上使用时，用户计算机和服务器上的所有软件不需要做任何改动。当终端系统使用IPSec时，所有应用软件也不受任务影响。

IPSec协议的一个常见用途是实现VPN(Virtual Private Network，虚拟专用网)功能。VPN是利用公共网络(通常是因特网)建立的一种临时性的安全连接。例如出差员工利用VPN访问公司内部网络，或者两个分公司通过VPN相互连接。IPSec协议可以防止通信数据在传输过程中出现伪造、窃听、篡改等问题。

IPSec提供两种模式来实现VPN功能。

(1) 传输模式：IPSec对IP数据包的负荷进行加密或认证保护，但保持IP首部不变。传输模式用于端到端的通信，如客户端到服务器之间、两个工作站之间的通信。

(2) 隧道模式：IPSec对整个IP数据包(IP首部及负荷)进行安全保护，并为其添加一个新的IP首部。隧道模式用于端到站点之间及站点到站点之间的通信，例如主机与路由器之间的通信，或两个路由器之间的通信。

如图2.7所示为一个分公司的员工如何利用IPSec的隧道模式访问总公司内部网络中的另一台计算机。假设员工计算机的内网IP地址为192.168.1.10，总公司计算机的内网IP地址为192.168.2.20，该员工向总公司发送数据包的典型过程如下。

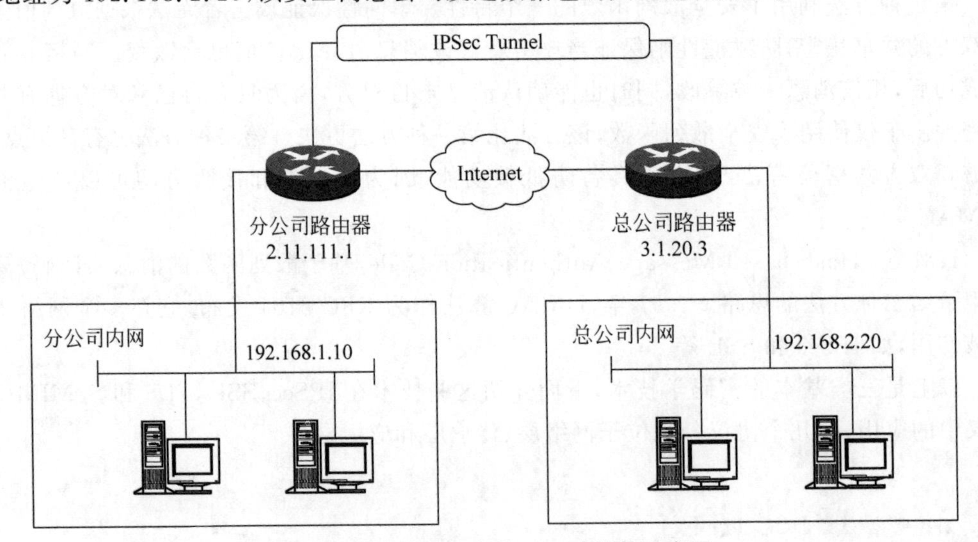

图2.7　利用IPSec实现VPN功能的示意图

(1) 员工向分公司路由器发送数据包，源IP地址为192.168.1.10，目标IP地址为192.168.2.20。

(2) 分公司路由器对该数据包进行加密，并添加新的IP首部，源IP地址为自己的IP

地址，目标 IP 地址为总公司路由器 IP 地址。

(3) 该数据包经过互联网到达总公司路由器，总公司路由器对数据包进行解密。解密后的数据包的目标地址为 192.168.2.20。

(4) 总公司路由器将解密后的数据包发送到内网，地址为 192.168.2.20 的计算机获得此数据包。

在这个例子中，分公司路由器与总公司路由器之间的路径被称为隧道体现在两个方面。一是具有内网地址的数据包原本是无法在互联网上传输的，IPSec 利用路由器转发实现了一个穿越互联网的隧道；二是互联网上传输的数据容易被窃听，IPSec 利用加密功建立了一个不被窃听的隧道。

IPSec 实际是一个协议簇，包括数十个协议，其中最重要的几个协议如下。

(1) RFC 4301：Security Architecture for the Internet Protocol(IP 协议安全体系结构)。

(2) RFC 4302：IP Authentication Header(认证首部协议 AH)。

(3) RFC 4303：IP Encapsulating Security Payload(封装安全载荷协议 ESP)。

(4) RFC 7296：Internet Key Exchange Protocol Version 2(密钥交换协议 IKE)。

IPSec 协议簇自提出以来一直在不断更新，例如，IKE 协议就历经了 RFC 2409、RFC 4306、RFC 5996、RFC 7296 等多个版本。

IKE 的目的是为通信双方创建和管理安全关联(Security Association，SA)。SA 是 IPSec 协议的一个核心概念，代表了两个网络实体之间的一组安全通信属性，如加密模式、加密算法和加密密钥等。SA 是从发送方到接收方的单向关系，如果需要双工通信，则应建立两个安全关联。IKE 基于 X.509 证书实现身份验证，采用 Diffie-Hellman (RFC 3526)或 Elliptic-curve Diffie-Hellman (RFC 4753)密钥交换算法共享秘密，再根据共享秘密计算对称加密密钥。为了设置 SA，通信双方一般需要相互传递多个消息。以下对 AH 和 ESP 两个协议进行更详细的介绍。

2.4.1 AH 协议

AH 协议的目标是为 IP 通信提供完整性保护，主要基于消息认证码(MAC)实现。AH 协议利用 HMAC 算法为数据包计算一个 MAC 值，并将其插入原数据包中。如图 2.8 所示为隧道模式下 AH 协议数据包的结构。

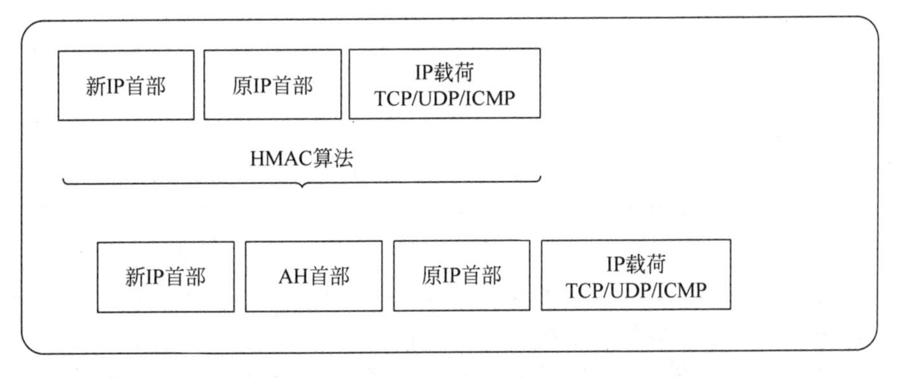

图 2.8　隧道模式下 AH 协议数据包的结构

在隧道模式下,AH 协议计算一个 AH 首部,将其插入到原数据包与新的 IP 首部之间。AH 首部包括安全关联 SA 的标识符,用于防止重放攻击的序列号,以及新的 IP 首部及原数据包的 MAC 值。传输模式与隧道模式区别在于,它只计算原数据包的 MAC 值,然后将 AH 首部插入原 IP 首部与载荷之间。

MAC 值的计算采用 HMAC 算法,其过程与 2.3 节的描述类似,具体可表示如下。

$$\mathrm{HMAC}(K, M)=H(K_1 \parallel H(K_2 \parallel M))$$

其中,K 表示密钥,M 表示待认证的消息,H 表示安全散列函数,K_1 和 K_2 由密钥 K 经过填充和散列等操作获得。

2.4.2 ESP 协议

ESP 协议支持对 IP 数据包的加密和认证功能,用户可选择只加密或只认证,或者两者同时使用。如图 2.9 所示为隧道模式下 ESP 协议数据包的结构。

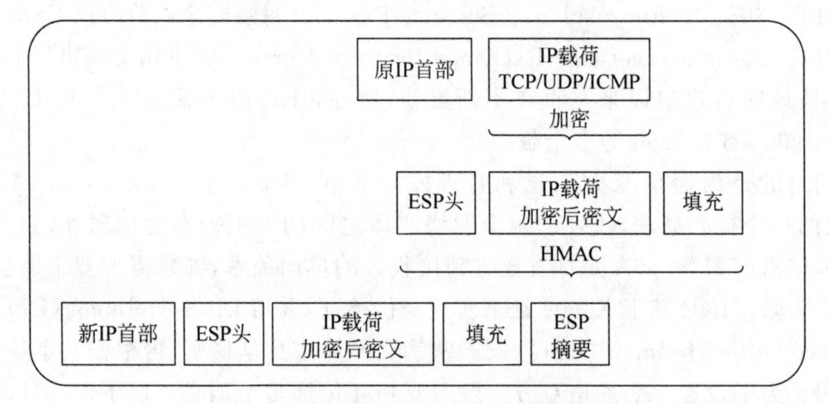

图 2.9 隧道模式下 ESP 协议数据包的结构

在隧道模式下,ESP 协议对原数据包(包括首部和载荷)进行加密,加密采用 TripleDES 算法或 AES 算法。

ESP 消息认证码与 AH 算法均采用 HMAC 算法。与 AH 算法不同,ESP 认证的消息只包括原数据包,未包括新的 IP 首部。

传输模式只加密 IP 载荷。在结构上,传输模式的首部使用原数据包的首部,其他部分与隧道模式相同。

2.5 SSL/TLS 协议

SSL(Secure Socket Layer,安全套接层)协议是 Netscape 公司于 20 世纪设计的一种安全通信协议,它被广泛用于电子邮件、即时通信等互联网应用。广受欢迎的浏览器与服务器之间的通信,即 HTTPS(Hypertext Transfer Protocol Secure, 安全超文本传输协议)安全通信,也是基于 SSL 协议实现的。后续出现 Internet 标准 TLS(Transport Laver Security,传输层安全)在很大程度上取代了早期的 SSL。

TLS 协议利用 TCP 提供可靠安全的端到端服务,它本身由两层协议组成。如图 2.10 所示为 TLS 协议的上下层关系。

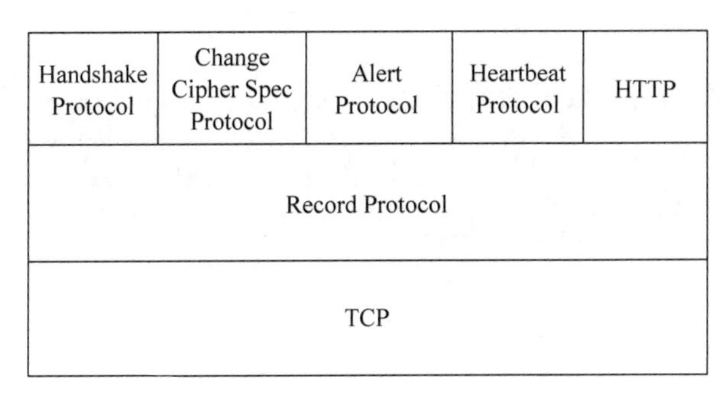

图 2.10　TLS 协议的上下层关系

由图 2.10 可以看出几个较高层的协议，包括 Handshake Protocol（握手协议）、Change Cipher Spec Protocol（变更密码规范协议）、Alert Protocol（报警协议）和 Heartbeat Protocol（心跳协议），它们均定义在 Record Protocol （记录协议）之上。应用层协议 HTTP 也基于记录协议，而记录协议则建立在 TCP 协议之上。本节主要介绍握手协议和记录协议。

2.5.1　握手协议

握手协议在双方传送真正的应用数据之前运行。它要实现多个目标，包括认证双方的身份、协商密码学参数（如加密和安全散列函数的名称、识别号和随机数等）、共享秘密信息等。握手协议由多个阶段组成，表现为客户端和服务器之间相互传递若干消息。

握手协议基于 X.509 数字证书实现身份认证。握手协议支持多种方法实现秘密信息（shared secret）的共享，例如：

（1）匿名 Diffie-Hellman 协议：利用互相发送的 Diffie-Hellman 公钥计算共享秘密。由于没有证书认证，可能受到中间人攻击。

（2）固定 Diffie-Hellman 协议：利用双方证书上的 Diffie-Hellman 公钥计算共享秘密。由于证书上的公钥是固定的，共享秘密也是固定的，存在秘密反复使用的安全隐患。

（3）瞬时 Diffie-Hellman 协议：创建一对临时的 DH 公钥和私钥，对公钥进行签名后发送给对方。这种方法相比前两种方法更安全。

（4）RSA 加密：随机产生共享秘密，然后用对方的 RSA 公钥加密后发送给对方。

握手协议还支持其他密钥共享方法，如 Elliptic-Curve Diffie-Hellman 等。以上方法使用了数字证书，具体细节可参见 3.3.2 节。

2.5.2　记录协议

记录协议提供两种基本的安全服务，即握手协议可对 SSL 载荷进行对称加密，以及为 SSL 载荷产生一个消息认证码。图 2.11 为 SSL 记录协议的操作流程，包括以下步骤。

（1）分段：将每个应用层的消息分解成不大于 2^{14} 字节的组。

（2）压缩：若握手协议中双方的协商同意压缩，则对数据进行压缩。

（3）计算 MAC 并添加：计算前一阶段输出数据的 MAC 值，并添加到输出数据的尾部。记录协议支持用 HMAC 算法和 GOST 算法计算 MAC。

（4）加密：使用对称加密算法进行加密。记录协议支持分组密码（如 AES）和流密码进行加密。

(5) 添加首部：在加密后数据的前面加入记录协议首部，包括版本号和长度等。

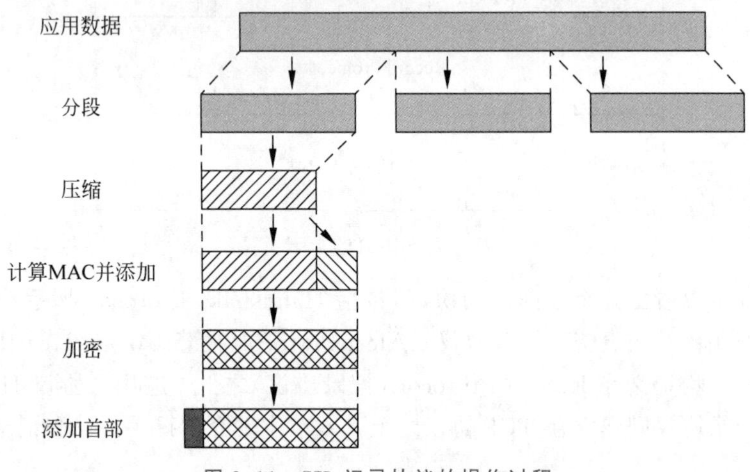

图 2.11 SSL 记录协议的操作过程

2.6 S/MIME 协议

MIME(Multipurpose Internet Mail Extension，多用途电子邮件扩展)是对 RFC 822 电子邮件规范的扩展。RFC 822 定义报头比较简单，主要包括了收件人(To)、发件人(From)、标题(Subject)等信息，邮件内容规定使用 ASCII 文本格式。RFC 822 使得利用因特网发送 E-mail 成为可能，但是它能支持的格式不能满足用户的需求。因此 MIME 定义了一些新的内容格式，可以支持多媒体内容，例如图像、视频和音频等。尽管如此，RFC 822 和 MIME 均不能提供机密性和完整性保护。

S/MIME(Secure/Multipurpose Internet Mail Extensions，安全/多用途电子邮件扩展)协议是对 MIME 的安全性增强。它最早由 RSA 数据安全公司开发，后来逐渐成为因特网标准。S/MIME 的功能体现在一系列 RFC 文档中，如 RFC 5652、RFC 8550 和 RFC 8551 等。

S/MIME 支持以下 4 种功能。

(1) 数据加密：使用对称加密密钥对邮件内容进行加密。

(2) 数据签名：使用邮件发送者的私钥对邮件进行签名。由于签名结果是一串随机二进制，为了防止邮件显示时出现格式错误问题，一般要对邮件和签名进行 base64 编码。该编码将二进制数据转换为 ASCII 码，因此可以在邮件中正常显示。但是用户不能直接阅读邮件内容。

(3) 透明签名：同样使用邮件发送者的私钥对邮件进行签名，但只有数字签名采用 base64 编码。因此在不验证签名的情况下也能阅读邮件内容。

(4) 数据加密和签名：同时实现加密和数字签名功能。

S/MIME 支持对邮件内容的加密和数字签名，具体而言，数字签名实现了以下功能。

(1) 身份认证：数字签名技术使得收件人可以通过验证签名判断该邮件是否由其宣称

的人或组织发送的。

(2) 不可抵赖性：发件人使用自己的私钥对邮件进行签名和发送后，他不能否认这一事实。

(3) 数据完整性：若签名通过验证，则收件人可以确保收到的邮件与已经签名的邮件是一致的。

若仅使用 S/MIME 的加密功能，其过程如下。

(1) 产生一个随机的对称加密密钥。

(2) 使用对称加密算法(如 AES)对邮件内容进行加密。

(3) 使用接收者的公开密钥对对称加密密钥进行加密。

(4) 将(2)和(3)的内容一起发给接收者。

邮件接收者收到邮件后首先使用自己的公钥恢复出对称加密密钥，然后用该密钥对邮件内容进行解密。

若仅使用 S/MIME 的签名功能，则用邮件发送者的私钥对邮件进行签名，然后将邮件、签名及个人的数字证书一起发给接收者。接收者首先验证发送者的数字证书是否有效，若有效则使用证书中的公钥验证签名是否正确。

同时使用加密和签名功能的过程稍微复杂一些。如图 2.12 所示为这一流程，它的基本思路是先签名，然后加密。具体过程如下。

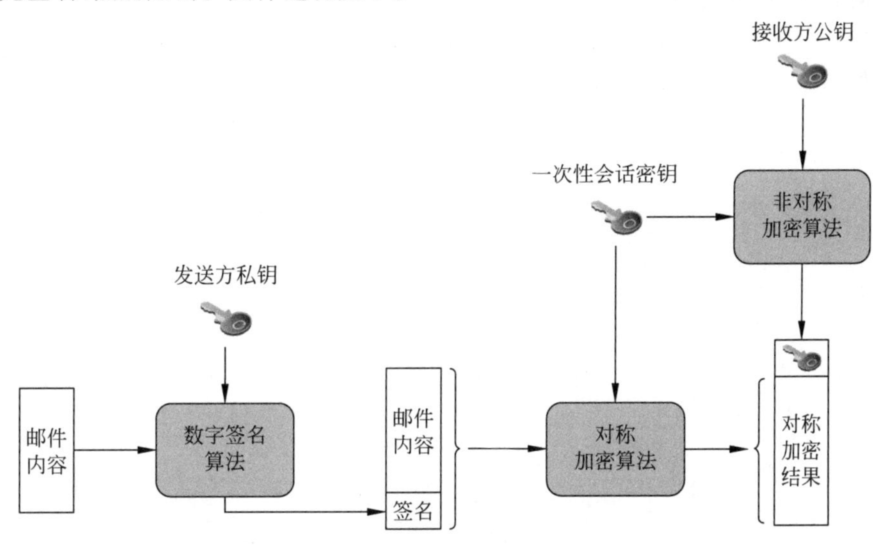

图 2.12　使用 S/MIME 进行签名和加密的示意图

(1) 发送者使用自己的私钥对邮件内容进行签名。

(2) 发送者生成一个随机的加密密钥，使用对称加密算法对邮件内容及签名进行加密。

(3) 发送者使用接收者的公钥对加密密钥进行加密。

(4) 发送者将加密后邮件、加密后的密钥和自己的数字证书一起发给接收者。

当接收者收到邮件后，使用自己的公钥恢复加密密钥，然后使用它解密得到邮件内容及其签名。接收者验证发送者的数字证书是否有效，若有效则提取出其中的公钥验证签名是否正确。

可以看到，数字证书对于 S/MIME 的安全性非常重要。关于数字证书的详细内容可参见 3.3.2 节。

思考题

1. 请画出对称加密方案示意图,并解释各元素的含义。
2. 请画出非对称加密方案示意图,并解释各元素的含义。
3. 列出对称加密的安全使用要求。
4. 列出 4 类密码分析方法并解释其含义。
5. 常用的对称加密算法有哪些?
6. 分组密码中有哪些常见的操作模式?
7. 简要介绍流密码加密的工作机制。
8. 分组密码和流密码各有什么优劣?
9. 列出公钥密码体制的三类应用及各自的用途。
10. 简要介绍非对称加密方案的组成元素。
11. 非对称加密与对称加密各自的优缺点是什么?
12. 简要介绍数字签名方案的组成元素。
13. 列出数字签名技术的特性。
14. 简要介绍公钥密码体制共享密钥的典型过程。
15. 什么是安全散列函数?它有什么特性?
16. 列出安全散列函数的应用场景。

第2篇

技术篇

第 3 章

远程用户认证

CHAPTER 3

3.1 概述

用户认证是计算机系统用于核实用户身份的一种安全技术。它是计算机防御体系的重要组成部分,也是防御系统入侵的主要防线。用户认证涉及识别(identification)和认证(authentication)两项功能。识别是指用户向系统呈现一个凭证(如用户名)以申明其身份,认证是指系统通过用户提供的认证信息(如用户口令)以核验用户的身份。

根据用户连接系统的方式,用户认证可分为本地用户认证和远程用户认证。在本地用户认证中,用户与系统的物理距离很近,如使用个人计算机、通过门禁系统等。在远程用户认证中,用户一般通过网络向系统提供凭证和认证信息,如用户通过互联网登录某个网站。本书主要介绍远程用户认证技术。此外,用户认证不同于消息认证。消息认证是通信各方验证消息源真实性和消息内容未被篡改的技术。本章仅关注用户认证,关于消息认证的介绍可参见 2.3 节。

本章首先对远程用户认证技术进行概述,然后分别介绍基于口令、公钥体制和生物特征的远程用户认证技术。

3.1.1 用途与挑战

远程用户认证技术在网络安全中具有广泛的应用,以下列举几项常见用途。

1) 身份记录

许多应用需要记录远程用户的身份,并且要求对用户身份进行核实。例如,一个在线会议系统要记录有哪些用户参加了会议,它可以利用人脸识别技术对用户身份进行认证。另一个常见的应用是网络日志,在将用户记录写入日志之前,它必须首先保证用户身份的真实性。

2) 访问控制

访问控制的目标是防止非法用户进入系统或者防止合法用户对资源的非法使用。简单来说,身份认证解决"一个用户是否拥有其声称的身份"的问题,而访问控制技术解决"一个身份有什么权利"的问题,因此访问控制的实现通常要基于身份认证技术。例如,当用户使用一个 Web 应用提供的服务时,系统先通过用户名和口令进行用户认证,然后根据该身份拥有的系统权限判断其可以访问哪些子系统、能够进行哪些操作。

3) 网络协议

许多网络协议的安全性建立在身份认证的基础上。例如位于网络层的 IPSec 协议、位于传输层的 SSL 协议首先会利用数字证书进行用户身份认证,认证通过后再提供后续服务。

当前,远程用户认证在技术和应用方面仍面临着诸多挑战。

1) 认证系统面临不断发展的安全威胁

远程用户认证系统从技术原理、系统设计与实现到系统使用都面临着不断发展的攻击技术的威胁。例如,在认证技术中使用的加密算法在原理上存在潜在的安全风险。一个典型的例子是广泛用于电子商务等领域的 MD5 和 SHA-1 哈希算法被发现存在安全缺陷,即使采用的认证技术未发现缺陷,系统在设计和实现时引入的安全漏洞也可能被攻击者利用。最后,若用户不能正确配置和使用系统,则会提高认证系统的风险。例如,用户在应用SSL协议时,若选择简单模式,可能受到中间人的攻击。

2) 认证方式难以兼顾安全性和便利性

对于系统而言,安全性与便利性通常是矛盾的。由于远程身份认证的频繁使用,这一矛盾更加突出。例如,出于提高安全性的考虑,远程系统一般要求用户使用复杂的口令,这增加了用户记忆和使用口令的难度,促使用户趋向于将同一个口令用于不同的应用服务中,由此增加了安全风险。又例如,某些银行要求用户使用便携式的动态口令设备实现用户认证,这提高了系统的安全性,但却给用户带来不便。

3) 身份认证的"孤岛"问题

目前市场上存在多种用户认证方式,如数字证书、人脸识别、虹膜识别、指纹识别、短信验证码等。在一个综合应用中,不同的子系统可能采用不同的认证方式,以满足多样化的场景和应用需求。但是这些认证方式相互独立,采用不同认证方式的子系统各自为政,类似于一个个"孤岛"。当子系统不断扩充时,认证方式不断增加,系统难以管理,且用户体验较差。

3.1.2 远程用户认证方式

远程用户认证主要基于三种因素,即用户知道的信息、用户拥有的物品和用户的生物特征,下面分别介绍。

1) 基于用户知道的信息

用户知道的信息指用户可以用大脑记忆的信息,例如口令、个人识别码(Personal Identification Number,PIN)、预先设定的问题的答案等。随着个人移动设备的普及,图像口令和手势口令也被用作用户认证。其中,图像口令向用户呈现一张数字图像,要求用户以正确的顺序点击图片中的几个位置;手势口令通常用于触屏设备,要求用户按正确的轨迹在屏幕上移动手指。

用户知道的信息以记忆的形式存放在用户大脑里,使用时不需要额外的设备支持,因此一直是最常使用的用户认证方式之一。然而,个人识别码、预先设定的问题、图片口令、手势口令等方式容易猜测,安全性较低,不适合用于远程用户认证。如果使用口令作为远程用户认证,一般要求口令有足够高的复杂度,并且应定期更新。针对口令的攻击和防御方法将在3.2.1节介绍。

2) 基于用户拥有的物品

用于身份认证的物品一般指智能卡和USB(Universal Serial Bus,通用串行总线)电子钥匙等小型物件。能用于身份认证目的的便携式智能设备,如平板电脑、智能手环、智能手表、智能手机,也可归为此类。数字证书本质上是一串二进制数据而非实体物品,但是数字证书难以记忆,一般存储在用户拥有的移动设备或计算机上,因此本书将基于数字证书的认证也归于此类。有的应用将用于认证的这些物品称为令牌,将基于令牌的认证方式简称为令牌认证。

令牌认证在涉及个人财产的场景中被广泛应用。如银行卡、公交卡、校园卡等具有支付功能的工具一般采用IC(Integrated Circuit,集成电路卡)卡,其内置的集成电路能保存用户身份相关的数据。USB电子钥匙是一种含有USB接口且具有存储功能的硬件设备,一般存储了用户的密钥或数字证书,利用密码算法实现对用户身份的认证。动态口令令牌是银行系统常用的一种认证设备,它使用密码算法动态产生随机口令。

令牌认证方式不需要用户记忆复杂的口令,但也有不足之处。首先,令牌需要随身携带,这给用户带来不便。其次,令牌可能遗失或被他人窃取。当USB电子钥匙连接计算机后,攻击者可以通过木马程序盗取已读入计算机内存中的密钥。动态口令令牌不需要连接计算机,但攻击者可以通过伪造的钓鱼网站骗取动态口令,然后在口令改变之前登录真实的网站。此外,基于数字证书的令牌认证如果使用不当(参见3.3.1节),也存在认证漏洞。

3) 基于用户的生物特征

生物特征指相对稳定且难以伪造的用户私人特征,包括静态生物特征和动态生物特征两类。其中,典型的静态生物特征有指纹、虹膜、人脸等,动态生物特征有步态特征、语音模式、笔迹模式等。生物特征也常被用于多因素认证系统。例如在门禁系统、线上支付系统等安全认证应用中,在要求用户输入口令的同时进行人脸识别或指纹识别。

生物特征认证具有不会遗忘、难以窃取的优点,但该方式也存在一些缺点。首先,它的可靠性不如其他方式,通常伴有一定概率的误报和漏报。当用户因受伤、生病等原因不能提供正常的生物特征时无法进行认证;其次,生物特征认证一般需要特殊设备支持,使用不太方便;再次,生物特征被攻击者窃取后用户无法修改其认证信息,因此该方法风险性较高;最后,生物特征属于个人隐私信息,用户可能拒绝使用该方式。

视频讲解

3.2 基于口令的远程用户认证

口令认证具有使用方便且实施成本低的优点。它是目前最常见的认证方式之一,在远程用户认证中被广泛使用。用户使用远程服务之前,一般需要向系统提供身份标识和对应的口令。若身份标识与口令匹配,则身份认证成功,否则认证失败,系统拒绝向用户提供服务。由于口令使用的广泛性,针对口令的攻击方法层出不穷。

口令可以有多种表现形式,如字符口令、图像口令、手势口令等,本节针对最常用的字符口令,首先介绍常见的口令攻击方式,然后讨论加强口令安全性的几种主要方法。

3.2.1 常见的口令攻击方式

口令一般是静态的,因此一旦攻击者窃取或者截获口令,便能冒充用户。凡是用户拥有权限的操作,攻击者都可以实施。因此获取口令对于攻击者有很大的诱惑力,针对口令的攻击方法也很多。下面介绍几类常见的口令攻击方式。

1) 利用用户疏漏窃取口令

有的用户安全意识不够强,在使用口令时由于操作不当,导致口令被窃取。利用用户疏漏窃取口令的攻击方法主要分为两类。

(1) 偷看:用户有时会将复杂的口令记录在便利贴或本子上,这种方式容易被其他人看到。另一种常见的方式是"肩窥"(shoulder surfing),即当用户在输入口令时被周围的人偷看。例如,用户在取款机上输入口令时,周围的人有可能看到口令。此外,在安装了摄像头的场所输入口令,也存在被偷看的可能性。

(2) 社会工程学(social engineering)：攻击者冒充合法用户或用户信任的人获取用户口令。例如，攻击者在电话中冒充政府或用户所在单位的工作人员，询问其口令。另一种常见方式是钓鱼网站攻击。攻击者构造一个假冒网站，如某个银行的网站，骗取用户输入用户名和口令，这些信息实际发送给了攻击者。

防御以上两种攻击方法的关键是增强用户的安全防范意识，提高口令使用的警觉性。

2) 暴力破解攻击和字典攻击

猜测口令最直接的方法是尝试所有可能的口令，这种方法称为暴力破解。例如，如果知道用户的口令为 6 位数字，则需要尝试的可能性为 100 万种。若攻击者编写程序逐一尝试所有口令，则可能在较短的时间内发现正确的口令。

如果口令的结构比较复杂，可能的口令数量很多，攻击者会尝试最有可能的那些口令，这种攻击称为字典攻击。攻击者利用一般用户最常使用的口令，结合当前用户的个人数据，如姓名、生日等信息构造一个最有可能的口令列表，该列表被称为口令字典。攻击者从字典中逐一取出口令进行尝试。

防御暴力破解和字典攻击的有效方法是提高口令的复杂性，具体方法将在 3.2.2 节介绍。

3) 特定账户攻击和常用口令攻击

在特定账户攻击中，攻击者针对某个固定账户，通过尝试不同口令，直到找到正确的口令为止。特定账户攻击的一种变体是常用口令攻击，即使用某个常用口令对不同账户进行攻击，直到找到使用该口令的账户。

防御这两种攻击的方法包括禁止选择常用口令、限制口令尝试的频率、尝试失败次数过多则锁定账户等。

4) 电子监视

攻击者利用电子窃听手段获取用户口令。例如攻击者窃听无线通信、监听局域网数据包，或者在用户的计算机植入恶意程序监听用户的键盘输入。

防御电子监视的主要方法包括恶意程序扫描和通信加密两种方法。为了预防键盘监听，有的应用会显示一个随机产生的非标准键盘，并让用户通过触屏输入。

尽管口令认证面临多种攻击的威胁，但仍然是目前最常见的远程用户认证技术之一。这是因为口令认证具有简单、方便和低成本的优点，而其他认证技术也有其自身的缺点。如果使用口令认证，则应提高口令安全性，例如要求用户选择合适的口令。

3.2.2　口令选择策略

理论上，足够复杂的口令可以确保口令在一定时间内难以被破解。但过于复杂的口令很难记忆，降低了口令的实用性。为了在便于记忆和保留一定复杂度之间取得平衡，可以制定和实施合理的口令选择策略。常用的口令选择策略包括用户教育、计算机生成口令、后验口令检查和先验口令检查等。

1) 用户教育

用户教育策略是指对用户进行培训，告知复杂口令对于安全的意义，并给出正确设置口令的建议。例如，用户可选择有特殊意义的短语或句子，将首字母连成口令，同时在口令中加入一些特殊的数字和符号。然而，用户教育策略有其局限性，用户可能会忽视非强制性的建议,或在理解和实施这些建议时出现错误。

2) 计算机生成口令

计算机生成口令策略是指由计算机生成复杂性较高、足够安全的口令。当用户使用口令时直接从计算机中提取。该策略已在部分网络浏览器中应用。例如,当用户在某个网站上注册并填写口令时,浏览器自动生成一个高强度口令,然后保存到计算机中。当用户登录该网站时,浏览器从计算机中提取口令并自动填写到口令栏中。由计算机生成口令的方式需要确保存储在计算机上的口令不被攻击者窃取。此外,当用户在其他计算机上使用该口令时,应有一套解决方案支持用户获取其口令。

3) 后验口令检查

后验口令检查策略类似于一种安全测试。该策略在口令设置后周期性地尝试破解用户口令,然后告知用户口令的脆弱性。该策略有两个主要缺点:一是系统用于破解口令的资源有限,而攻击者往往能调用更多的资源对口令进行破解,因而未被系统破解的口令不一定能抵抗真实攻击;二是后验检查结果可能滞后,脆弱的口令在被系统发现前可能已被攻击者破解。

4) 先验口令检查

先验口令检查是目前使用最广泛的口令选择策略。该策略在用户设置口令时对其安全性进行检查,若不满足安全要求,则拒绝该口令。规则实施和口令检查器是目前常用的两种先验口令检测方法。

(1) 规则实施。

该方式类似于一种强制性的用户教育,当用户设置的口令不满足安全规则时则拒绝口令。例如,要求用户在设置口令时,口令长度必须在八位以上,且口令应同时包含数字、大小写字母和标点符号等。若不满足此规则,则不能成功设置口令。相比用户教育,规则实施具有强制性,实际效果通常更好。然而,满足规则的口令也可能是脆弱的。

(2) 口令检查器。

这种方式类似于使用一个脆弱口令字典,若用户的口令在该字典中则拒绝其口令。这种策略的主要缺点在于需要占用计算机较多的时间和空间资源。随着越来越多的脆弱口令加入字典,字典将占用很大的存储空间,同时在字典中搜索口令的时间也会变长。

在实践中,可以将规则实施结合起来,要求口令既满足安全规则,同时也不在脆弱口令字典中。先验口令检测策略的不足是用户口令被拒绝的概率较高,可能导致用户体验下降,甚至不再使用系统。

3.2.3 安全散列函数与"盐值"

系统在保存口令时一般不会直接存储口令的内容,而是对口令进行某种处理,然后保存处理后的结果。采用这种方式有两个原因,一是用户可能不希望系统知道自己的口令;二是攻击者有可能入侵系统获得保存在系统中的数据。系统应确保即使攻击者获得了口令处理后的结果,也难以恢复出口令。

一种简单的处理方式是采用散列函数。2.3 节对散列函数进行了介绍,它可将任意长度的消息压缩为固定长度的消息摘要。假设用户的口令为 p,散列函数为 H,则系统计算 p 的散列值 h,即 $h=H(p)$,然后将 h 存储到系统中。系统验证用户输入的口令 q 时,首先计

算 q 的散列值 $r=H(q)$，然后比较 h 与 r。若两者相等，说明用户输入的口令正确。

在口令存储中使用的散列函数必须是安全散列函数，它具有不可逆性和防碰撞特性。不可逆性确保用户即使获得了口令的散列值 h，也难以恢复出实际的口令 p。防碰撞特性确保当攻击者输入错误口令时，其散列值与正确口令的散列值不同。

仅使用安全散列函数会带来一种安全缺陷，即相同口令的散列值相同。攻击者可以利用这一缺陷发动攻击。一是弱口令出现的频率较高，同一个弱口令的散列值也相同，因此出现次数较多的散列值很可能是弱口令；二是同一个用户在不同的系统中可能使用相同的口令，攻击者可以利用这一关联性降低口令破解的难度。

为了弥补这一缺陷，在处理口令时通常还会引入盐值(salt)。盐值是以随机或伪随机方式生成的一段字符串，通过参与口令散列值的计算来增强口令的安全性。假设某个用户的盐值为 s，口令的散列值计算方式可表示为 $h=H(p,s)$。然后系统同时保存 h 和 s，便于后续验证用户输入的口令是否正确。通过引入盐值，相同口令的散列值一般是不同的，从而增强了口令存储的安全性。

尽管安全散列函数和盐值提高了口令的安全性，但仍然面临暴力破解或字典攻击的威胁。若攻击者获得了散列值 h 和盐值 s，则可通过多次尝试猜测到口令。对系统而言，应防止攻击者窃取散列值和盐值，并禁止对口令认证的高频猜测；对用户而言，应对该威胁最有效的方法是设置足够复杂的口令。

3.2.4 验证码

当攻击者通过网络猜测用户口令时，可能会采用暴力破解攻击或字典攻击，企图在较短时间内尝试所有可能的口令。防御此类攻击的一种思路是降低口令猜测的频率。验证码是实现该目的的一种常用方法。

验证码的英文名称为 CAPTCHA(Completely Automated Public Turing test to tell Computers and Humans Apart，全自动区分计算机和人类的公共图灵测试)，最早由卡内基梅隆大学的路易斯·冯·安等提出。对于互联网上的一些特殊功能，如注册、支付、投票等，一些恶意用户可能会利用计算机开展大批量的自动化操作，这偏离了此类功能的初衷。验证码的引入就是要区分机器和自然人，从而防止短时间内的大量访问请求。验证码常见的使用情景如下。

(1) 注册：通过验证码防止虚假账户注册。

(2) 短信接口保护：减少非法用户对短信接口的高频调用。

(3) 投票：减少用户虚假投票，提高投票的公平性。

(4) 口令找回：用于口令相关的安全操作，对操作者进行身份核实。

(5) 支付验证：当金额交易较大时保障资金安全。

由于验证码可以防止计算机发起高频请求，因此也可以用于缓解口令暴力破解攻击。常用的验证码类型包括识别型验证码、行为式验证码、短信验证码和语音验证码。

1) 识别型验证码

识别型验证码以图片的形式展示给用户，用户观察图片内容后输入识别结果，若输入正确则通过验证。最早的识别验证码主要显示数字、字母等简单的字符。有的网站采用了中文字符以提高识别难度。但 OCR(Optical Character Recognition，光学字符识别)技术的成熟使字符型验证码不再安全。有的网站要求用户识别出图像中的物体,如楼梯、交通灯。这类识别码相比字符型验证码更难破解。近年来,随着图像识别技术的快速发展,识别型验证码用于区分人和机器的有效性严重降低。

2) 行为式验证码

由于识别型验证码的不足,越来越多的 Web 网站开始采用行为式验证码。此类验证码利用人的行为特征区分人和机器。常见的行为式验证码主要有拖动式验证码和点触式验证码。

(1) 拖动式验证码:要求用户根据提示,把图像中缺失的滑块拖曳到正确位置。

(2) 点触式验证码:要求用户根据文字提示,单击图像中符合要求的一种或者多种物品。

3) 短信验证码

系统通过短信接口将字母或数字类型的验证码发送到用户手机,用户在系统中填写验证码以完成验证操作。

4) 语音验证码

系统向用户播放一段音频,用户根据音频的指示输出正确的答案。与短信验证码相比,该方式需要的等待时间更短。

3.3 基于数字签名的远程用户认证

3.3.1 使用数字签名实现远程用户认证

2.2 节提到公钥密码体制有三类应用,即非对称加密、数字签名和对称密钥分发,其中,数字签名具有身份认证、消息完整性验证和防签名抵赖的功能。这里重点关注身份认证功能,特别是如何使用数字签名技术实现远程用户认证。利用数字签名技术实现用户认证的基本假设是只有用户本人拥有其私钥。由于没有用户的私钥无法伪造其数字签名,当一个数字签名被证实确实由用户的私钥产生时,用户的身份也得到确认。

如图 3.1 所示为使用数字签名技术实现远程用户认证的基本过程。假设 Bob 需要向 Alice 证明自己身份,需要首先生成一个消息 M,然后用自己的私钥 R 对 M 进行数字签名,生成签名结果 S。接下来 Bob 通过网络将 M 和 S 发送给 Alice。Alice 找到 Bob 的公钥 U,然后利用数字签名验证算法对(M,S)进行计算。如果计算表明 S 确实是 Bob 对 M 的签名结果,则用户认证通过,否则用户认证失败。

然而,以上方法用于用户认证时可能受到重放攻击(replay attack)。假设攻击者 Eve 窃听到 Bob 发送给 Alice 的数据(M, S),若他向 Alice 再次发送(M, S),则用户认证成功,从而让 Alice 误以为自己是 Bob。

该基本方案的缺陷在于 Alice 没有判断 M 是否为重发的消息。几种可防御重放攻击的改进方法如下。

方法 1:将 M 改为唯一识别号 I。当 Alice 收到(I, S)后,首先检测之前是否收到过 I,若收到过则说明该消息是重放攻击。该方法要求 Alice 存储收到的所有消息的识别号。

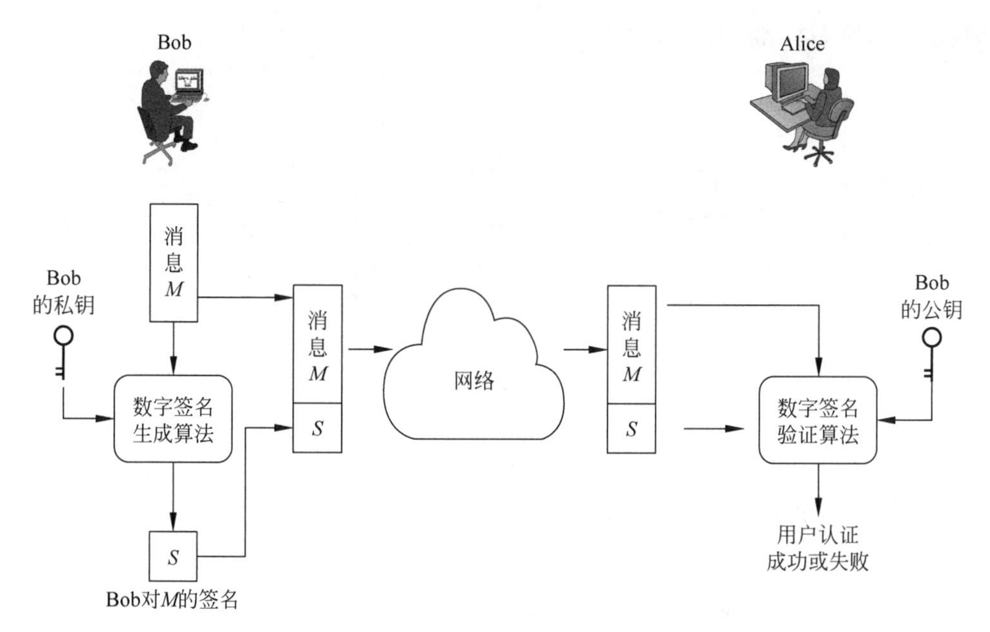

图 3.1　使用数字签名实现远程用户认证的简单流程

方法 2：将 M 改为时间戳 t。当 Alice 收到(t, S)后，首先检测 t，如果 t 距离当前时间超过一个阈值 T，说明该消息是重放攻击，从而拒绝认证。该方法要求 Bob 和 Alice 双方要时间同步，且 T 值的选取很重要。若 T 太大，则 Eve 的重放攻击可能会通过认证；若 T 太小，由于网络延迟，Bob 的正常请求可能被拒绝。

方法 3：同时使用唯一识别号 I 和时间戳 t。Alice 收到(I, t, S)后，首先检测 t，如果 t 距离当前时间超过一个阈值 T，则拒绝认证。若未超过，则检测在过去的 T 时间内是否收到过 I。该方法允许系统选择一个合理的阈值，且只需要保存较少的数量。

方法 4：Alice 随机生成一个随机数 r 发给 Bob，Bob 计算 r 的数字签名 S。Alice 收到(r,S)后，首先检查 r 是否为自己发给 Bob 的随机数。该方法要求双方进行半双工通信。

为了验证数字签名，Alice 事先需获得 Bob 的公钥。假设公钥存储在某台服务器上，若该服务器已被 Eve 入侵，当 Alice 向服务器请求 Bob 的公钥时，Eve 可以控制服务器向 Alice 发送自己的公钥。接下来 Eve 利用自己的私钥产生数字签名并发送给 Alice。由于 Alice 保存的公钥实际是 Eve 的，因此 Eve 的数字签名将验证成功，从而使 Alice 误以为发送消息的用户是 Bob。该攻击的出现是因为公钥与用户身份之间未建立绑定，可通过数字证书解决。

3.3.2　数字证书

1) 数字证书的结构与生成原理

数字证书的目的是建立公钥与用户身份间的绑定。数字证书一般包含用户身份、用户公钥及第三方的数字签名。第三方通常是用户信任的认证中心(Certificate Authority, CA)，如政府、金融和电信机构。用户通过安全渠道将其基本信息及公钥提交给认证中心，认证中心对这些信息进行数字签名运算以生成数字证书。需要用户公钥的人可以从各种公共渠道获得该用户的数字证书，并通过证书中包含的数字签名验证其有效性。如图 3.2 所示为数字证书的基本结构和生成过程。

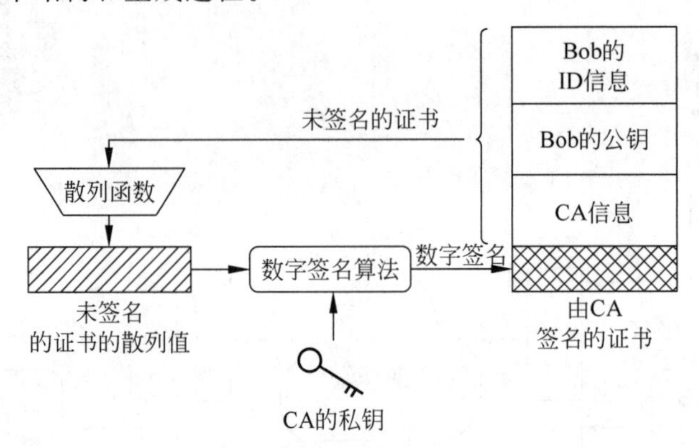

图 3.2 数字证书的基本结构与生成过程

用户申请并获得数字证书的流程如下。

(1) 用户利用程序创建一个密钥对,即一个公钥和一个私钥。

(2) 用户通过安全渠道将个人公钥等信息提交给 CA。提交可以是面对面的线下方式,也可以是带有安全机制支持的网页、邮件或软件等线上方式。

(3) CA 为未签名的证书生成数字签名。图 3.2 对该过程进行了描述。未签名的证书包含用户信息、CA 信息和用户公钥等数据。CA 首先利用某个散列函数计算未签名证书的散列值,然后使用自己的私钥和数字签名算法生成该散列值的数字签名。

(4) CA 将数字签名添加到未签名证书的末尾,组成一个完整的数字证书。

(5) CA 将数字证书交给用户。

用户获得证书后,可发给其他实体,以告知自己的公钥。其他实体也可以向 CA 查询,获得某个用户的数字证书。要验证某个用户的数字证书是否有效,首先从证书中提取未签名部分的数据,然后计算其散列值,最后使用 CA 的公钥和签名认证算法验证数字签名。如果该签名确是 CA 的签名,且该 CA 是可信的,则数字证书有效,即数字证书中的公钥属于证书用户。

2) X.509 数字证书格式

X.509 是目前使用最广泛的公钥证书格式。X.509 证书被用于各种互联网安全应用,包括位于网络层的 IPSec 协议、位于传输层的 SSL 协议、TLS 协议,位于应用层的安全电子交易 SET 协议、电子邮件协议 S/MIME。RFC 5280 对 X.509 进行了详细描述。

如图 3.3 所示为 X.509 证书第三版的格式,包括以下元素。

(1) 版本号:第三版证书的版本号取值为 3。

(2) 证书序列号:一个用于区分证书的整数值,对同一 CA 中该值是唯一的。

(3) 签名算法标识符:对未签名证书进行签名时采用的算法标识符和参数。该项与签名域中的信息相同。

(4) 发放者名称:颁发此证书的 CA 的名称。

(5) 有效期:包括开始日期和结束日期,在此期间外此证书无效。

(6) 用户名称:证书持有者的名称,与用户公钥绑定。

(7) 用户公钥信息:包括公钥,通常是一个二进制串,以及使用此公钥的加密算法的标识符及参数。

(8) 发放者唯一标识符：一个可选项，发放者重名时，用于唯一确定证书发放者。

(9) 用户唯一标识符：一个可选项，用户重名时，用于唯一确定用户。

(10) 扩展：用于记录扩展信息。

(11) 签名：对证书的签名结果，是一个二进制串。此域包含签名算法标识符及算法参数。

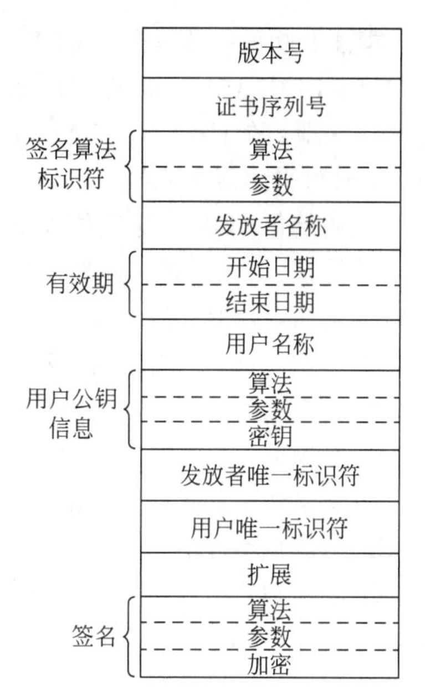

图 3.3 X.509 证书第三版格式

证书颁发后可能被撤销。当用户的私钥泄露，用户名称改变或用户的管理单位发生改变时用户可向 CA 申请撤销证书。若 CA 的私钥泄露或签名算法不再安全时，则所有发布的证书均应撤销。因此在验证数字证书之前，首先应判断该证书是否在有效期内，以及是否已被撤销。X.509 标准定义一个证书撤销列表(Certificate Revocation List，CRL)实现此功能。该列表包含若干证书撤销记录，每个记录给出了证书序列号和撤销日期。

如果所有的证书均为同一个 CA 颁发，则该 CA 将面临巨大的访问压力，会成为通信的瓶颈。为解决这一问题，多个 CA 可以组成一种层次化结构。例如，假设用户 a 的证书由 CA_1 颁发，用户 b 的证书由 CA_2 颁发，CA_1 和 CA_2 的证书均由 CA_0 颁发，且所有用户都知道 CA_0 公钥，则三个 CA 组成一个层次结构，根节点为 CA_0。当用户 b 收到 a 的证书时，发现其证书由 CA_1 颁发，但用户 b 没有 CA_1 的公钥。它可以利用 CA_0 的公钥验证 CA_1 的数字证书，从而得到可信的 CA_1 的公钥。对于更高的层次结构，用户可逐层回溯，直到某层 CA 的数字证书为可信 CA 颁发。这一方案要求任意两个用户共享同一个根节点，现实中往往没有这样的根节点，此时可通过 CA 间的交叉认证解决。如果两个用户没有共享同一个根节点，但这两个根节点相互进行了认证，并给对方颁发了证书，则这两个用户仍可相互验证数字证书。

如上所述数字证书的使用涉及注册、撤销、交叉认证等多种功能，过程比较复杂，因此需要专门的规范进行管理。

3) 公钥基础设施

公钥基础设施(Public Key Infrastructure，PKI)是基于公钥密码体制的一套软硬件设施和规范，其目标是帮助用户安全高效地获取公钥，实现数字证书的生成、管理和撤销等功能。下面介绍 PKIX 模型，它由互联网工程任务组(IETF)基于 X.509 证书提出。

PKIX 模型包含三个关键部分。

(1) 端实体：证书的持有者，可以是用户、机构、服务器和路由器等实体，对应数字证书中的用户字段。

(2) CA：证书的发放者。CA 支持多种管理活动，如证书注册和撤销。

(3) 存储库：用于存储和检索数字证书和 CRL。

PKIX 还包含两个可选部分。一个是注册中心(Registration Authority，RA)，它可为

CA 承担注册功能；另一个是 CRL 发放者，它可为 CA 承担 CRL 发布的功能。

在 PKIX 中，CA 可提供以下管理功能。

(1) 注册：在 CA 向端实体颁发数字证书之前，端实体向 CA 登记其身份。根据 CA 的要求，注册可采用线上或线下的方式进行。RA 可代理 CA 提供注册功能。

(2) 初始化：CA 向端实体提供必要的信息，帮助其为接收数字证书做好准备。

(3) 认证：CA 为端实体颁发数字证书。

(4) 密钥对恢复：当端实体的密钥对(主要指私钥)无法访问时，CA 为其恢复密钥对。

(5) 密钥对更新：当证书过期或证书被撤销时，需要更新密钥对。CA 负责生成新的密钥对，并为其颁发新证书。

(6) 撤销证书：当端实体提出撤销证书的申请时，CA 对证书进行撤销。

(7) 交叉认证：两个 CA 相互认证并互换交叉证书的过程。交叉证书是一个 CA 给另一个 CA 颁发的数字证书。

(8) 证书和 CRL 发布：CA 将数字证书或 CRL 存入存储库。这两项功能也可分别由 RA 和 CRL 发放者提供。

3.4 基于生物特征的远程用户认证

生物特征认证系统利用个人独有的生理特征实现用户认证。生物特征认证可分为静态生物特征认证和动态生物特征认证。生物特征是人体固有的特征，不需要记忆，也不用担心遗失，且很难伪造。因此，生物特征认证具有较强的安全性与便利性。但是生物特征认证一般需要额外的检测设备，且存在一定的误检率和漏检率。此外，用户的身体状态和所处环境的变化也可能影响认证结果。

本节将简要介绍常用的生物特征，以及利用生物特征进行远程用户认证的典型过程，然后介绍在生活中经常使用的指纹识别技术和人脸识别技术。

3.4.1 生物特征及远程认证过程

1. 生物特征

生物特征可分为静态和动态两类。静态生物特征是指在一段时间内保持稳定的生理特征，如人的指纹特征、人脸特征、虹膜特征等；动态生物特征是随时间变化的特征，如人的声音特征和步态特征等，通常可用一个信号序列表示。

1) 静态生物特征

(1) 指纹特征：指尖皮肤因凹凸不平而形成的纹路模式。

(2) 人脸特征：脸的几何特征，一般指脸形及面部关键器官，如眼睛、眉毛、鼻子、嘴唇、下颚的形状和位置。有的技术将人脸内部的血管分布也视为人脸特征的一部分，可利用红外热成像技术进行识别。

(3) 手形特征：手的几何特征，包括手的形状、手指和指关节的长度及宽度等。

(4) 人眼特征：包括虹膜和视网膜特征。虹膜是位于人眼中部的圆盘状血管膜，俗称"黑眼球"。虹膜包含斑点、条纹、褶皱等丰富的细节特征，其图像可用相机进行捕捉。视网膜是位于眼球壁内层的一层薄膜，视网膜特征是指视网膜下的血管分布形成的数字图像特征，可通过低强度的可见光或红外线扫描获得。

2）动态生物特征

（1）声音特征：每个人的声音也具有一定的独特性，如发音的频率等。声音可通过麦克风等设备方便地进行采集。

（2）步态特征：每个人在体型、体重、肌肉力量、骨骼长度、协调能力、走路风格等方面都存在细微差异，要伪装走路的姿态非常困难。步态特征可从摄像头等设备采集的视频图像中提取。

（3）签名轨迹：每个人的签名具有其独特性。签名可分为离线和在线两类。离线签名图像不随时间变化，属于静态生物特征。在线签名则属于动态生物特征，在线签名通过写字板和输入笔对签名轨迹进行采样，形成一系列的采样点。

2. 基于生物特征的远程用户认证

利用生物特征进行远程用户认证包括注册和认证两个阶段。

注册是将用户身份与其生物特征进行绑定的过程。系统对用户的生物特征进行采集，利用特征提取算法从中提取特征，并与用户的身份（如用户 ID）关联起来。

认证是根据用户提供的身份信息和生物特征，判断生物特征是否属于对应用户，据此给出认证成功或失败的结论。下面给出利用生物特征进行远程用户认证的一个简单例子。

（1）用户将 ID 发给远程主机；

（2）远程主机发送随机数 r 和加密函数标识符 E 给用户，r 用于防止重放攻击；

（3）生物特征采集系统采集用户生物特征，利用特征提取算法从中提取出特征 B；

（4）生物特征采集系统生成 $E(r', D, B)$ 并发送给远程主机，其中 $r' = r$，D 为采集系统的 ID 号；

（5）远程对 $E(r', D, B)$ 进行解密。当以下条件均满足时，认证通过，否则认证失败。

① r' 与 r 相等；

② D 是合法设备的 ID 号；

③ B 与用户注册时保存的特征相似度超过规定的阈值。

基于生物特征进行用户认证的核心技术是生物特征识别技术。接下来介绍两种常见的识别技术。

3.4.2　指纹识别技术

指纹是指尖皮肤因凹凸不平而形成的纹路。指纹识别具有以下特点。

（1）独特性：每个指纹都是独一无二的，即使双胞胎的指纹、同一人的左右手指也不相同。

（2）稳定性：除非受到较严重的物理伤害，每个人的指纹形态终生不变。

（3）便利性：指纹采集方便，采集成本较低。

指纹的一个明显的结构特征是交错的脊线和谷线。经过光学处理后，指纹图像一般用黑色表示脊线，用白色表示谷线。脊线的细节可分为以下三个层次描述。

第一级：代表指纹的总体特征，主要包括指纹的纹型和全局特征点，一般肉眼可直接辨识。纹型可分为弓形、箕形、斗型三大类。全局特征点主要指中心点和三角点等。

第二级：代表指纹的局部特征，最常见的二级特征是端点和分叉点。端点是一条脊线终止的细节点，分叉点则是一条脊线分裂成两条的细节点。

第三级：代表指纹的高分辨细节特征，如脊线上的汗孔、纹线边缘特征、疤痕等。第三级特征更为细致，但稳定性不如第二级特征。随着高精度指纹采集器的应用，第三级特征也开始受到重视。

指纹识别用于犯罪鉴定已有100多年的历史。早期的指纹使用油墨和纸记录，依靠肉眼进行识别。目前采用的指纹自动识别系统(Automated Fingerprint Identification System，AFIS)则采用数字图像记录，利用计算机算法进行自动识别。AFIS的典型工作过程可分为四个阶段。

(1) 图像采集：利用各种传感器将指纹信息转换成数字图像。常见的传感器有光学传感器、电容传感器、射频传感器、超声波传感器等。

(2) 图像增强：采集到的指纹图像一般是灰度图像，需要进一步处理，以减少噪声干扰，增强脊线和谷线的对比度，便于下一步提取指纹特征。图像增强一般包括平滑处理、二值化和细化等操作。

① 平滑处理：目的是消除采集设备、外部环境及手指异常等原因引入的噪声，一般可通过数字滤波算法实现。

② 二值化：目的是将灰度图像转换为二值图像，剔除噪声与毛刺，突出脊线分布。

③ 细化：目的是将脊线宽度减少到一个像素点，得到指纹的骨架图像。

(3) 特征提取：从指纹的骨架图像中提取全局特征点及端点和分叉点等普通特征点。

(4) 特征匹配：通过旋转平移等几何变换将待检测指纹与模板指纹的特征点对齐，计算两个指纹特征的相似度。若相似度超过一个阈值，则匹配成功，否则匹配失败。

随着指纹识别技术的成熟，对于高质量的指纹图像，现有的AFIS一般能达到极高的准确率。然而，目前也出现了许多针对指纹识别的攻击。例如攻击者利用硅胶等材料模拟指纹纹路，欺骗指纹识别系统。2019年，部分智能手机上的指纹识别模块错误地将硅胶材料的纹路识别为真实指纹图案，使攻击者得以解锁手机并完成手机支付。该事件迫使国内多家电子支付机构紧急关闭了该系列手机的指纹支付功能。因此，利用活体检测技术发现伪造指纹，是提高指纹认证安全性的必要手段。

3.4.3 人脸识别技术

人脸识别技术是一种利用计算机算法根据视频或者图片中的人脸特征确定人的身份的技术，是当前最常用的生物特征识别技术之一。自20世纪70年代以来，人脸识别技术不断发展，目前已基本成熟，在信息安全、公共安全、金融、媒体等领域广泛应用。

与其他生物特征识别技术相比，人脸识别技术具有以下优势。

(1) 自然性。人脸识别技术利用脸部特征确定人的身份，符合人类的习惯，容易被用户理解和接受。指纹、虹膜、视网膜等生物特征的识别不符合人类习惯，不具备自然性。

(2) 方便性。人脸信息采集设备可以是常见的摄像头、照相机、手机，成本较低且容易获得。采集过程简单方便，不需要专门的技术人员。

(3) 非强制性。人脸识别技术通过摄像头、相机等设备方便地采集到人脸图像信息。

用户不需要主动接触采集设备，甚至察觉不到采集设备的存在。而对于指纹等生物特征，用户需要接触采集设备，并主动配合采集过程才能完成。

由于人脸识别技术的以上优势，它在许多领域均获得了成功的应用。

(1) 信息安全领域。主要用于用户认证，例如，在使用智能手机前进行的屏幕解锁验证，在移动支付应用中进行的用户身份验证，在电子政务应用中进行的用户身份确认等。

(2) 安保领域。主要用于门禁管理，例如，在银行部门、军事重地等重要场所，通过人脸识别技术对用户的身份进行识别和验证，以确定是否让用户进入。

(3) 公共安全领域。主要用于智能监控，例如，在人口流动密集区如机场、车站、景点等重要出入口布置摄像头，通过人脸识别技术发现公安部门发布的黑名单人员。

(4) 媒体行业。主要用于视频检索，从海量的视频文件中找到需要的信息。传统的视频检索采用人工方式进行，往往需要大量的成本和时间。利用人脸识别技术可以自动地、快速地实现视频检索，从而降低人工成本，提高工作效率。该技术还可帮助公安人员快速检索监控视频。

在实践中，人脸识别技术需要解决多个难题，包括如下问题。

(1) 光照问题。在采集人脸图像时，由于人脸的三维形态和环境光线的复杂性，人脸的图像表示会随之改变。严重情况下，人脸图像会产生曝光或阴影，导致人脸部分特征消失，使识别准确率急剧下降。

(2) 姿态问题。许多应用在采集人脸图像时，不强制要求被识别者主动配合，因此人脸姿态可能差别很大。例如用户可能低头，或者只采集到一侧脸等。对于姿态变化过大的情况，人脸识别的准确率可能大幅降低。

(3) 表情问题。当脸部表情变化时，面部肌肉和五官都会产生一定程度的扭曲，使得人脸识别的识别率降低。

(4) 遮挡问题。在许多情况下，人脸可能被外界事物遮挡，例如围巾、墨镜、帽子等饰物，或者用于防止疾病传染的口罩，甚至是人的头发。严重的遮挡使采集到的人脸图像丢失重要的脸部信息，从而影响了特征提取。

(5) 图像质量问题：由于采集设备或采集人员的问题，采集到的图像可能图像模糊、分辨率太低，导致人脸识别困难。

(6) 小样本问题：大量样本对于提高识别准确率非常重要。实际情况中，很难为一个人采集到多个样本。例如公安系统中的人脸库可能只有身份证中的一张正面照。

自20世纪70年代开始，为解决以上难题，人脸识别技术不断发展，许多研究成果已在真实世界中应用。根据其基于的人脸特征，人脸识别技术可分为以下四类方法。

1) 基于几何特征的方法

基于几何特征的方法出现在人脸识别技术发展的早期阶段。该方法利用人脸各器官(如眼睛、鼻子、嘴巴)的几何形状及相互之间的位置关系来表示人脸特征。例如，使用向量描述眼睛、鼻子、嘴巴之间角度、距离。将该向量与模板库中的向量进行对比，找到相似度最高的向量。几何特征方法具有算法简单、计算速度快、不易受光照影响等优点。然而该方法容易受表情影响，且该方法只利用了人脸的小部分特性，而无法利用更为丰富的人脸整体外观和细节信息，导致其识别度不高。基于几何特征的方法目前仍在某些人脸识别系统中使用，但其主要用途不再是识别人脸，而是在预处理阶段用于提取人脸中的关键点。

2) 基于全局特征的方法

基于全局特征的人脸识别方法于20世纪90年代初提出。它对整幅人脸图像进行处理,从中提取出代表整个人脸图像的特征向量,该特征向量可以反映人脸的全局结构信息。该方法通常利用降维技术(如主成分分析、独立成分分析、线性判别分析、流形学习等)将高维的人脸图像映射为一个低维向量,并保存为一个模板。进行人脸识别时,则将待测人脸图像的映射结果与模板库中的向量进行比较。在外界环境和拍摄要求严格受控的条件下,基于全局特征的人脸识别方法对于正面人脸的识别效果较好。然而在非受控环境下,特别是伴随着姿态、光照、表情等变化,该方法的准确率显著降低。

3) 基于局部特征的方法

基于局部特征的人脸识别方法在20世纪末和本世纪初得到快速发展。该方法选择人脸图像中的具有较强区分能力的多个区域,分别提取出特征,再合并为人脸特征。与全局特征提取方法相比较,局部特征对姿态、光照、表情等变化有比较好的鲁棒性。具体来说,该方法首先使用人脸关键点检测算法定位人脸中的关键位置,然后在每个关键位置上使用手工设计的特征提取算法分别提取出不同的特征。这些算法经特殊设计,因此对环境、表情和几何变换等干扰有较强的鲁棒性。最后,通过串联或向量编码等方法将各位置上提取的特征融合为人脸特征。该方法的缺点是计算较为复杂,且需要手工设计特征提取算子。

4) 基于深度学习的方法

深度学习是利用人工神经网络的分层结构来处理复杂的高维数据。人工神经网络由多层网络构成,每层网络由多个人工神经元组成,本层神经元的输出作为下一层神经元的输入。利用这种结构实现对输入信息的分层处理,使每层网络从上一层的输出中提取出更抽象、更具区分性的特征。一般而言,神经网络的层数越深,其表达能力和区分能力越强。深度学习技术的提出使该目标成为可能。

基于深度学习的人脸识别方法以整张人脸图像为输入,经过多层神经网络的计算,输出最终的人脸特征。从表面来看,基于深度学习的方法重新回到了基于全局特征的人脸识别,事实上,该方法在提取特征时是由局部到整体逐渐过渡的。网络的前几层以提取局部特征为主,之后这些局部特征逐渐融合为全局特征。因此,基于深度学习技术的方法同时利用了局部特征和全局特征。

2012年以来,深度学习进入飞速发展阶段,人脸识别领域也因此受益。2014年,在实验条件下,基于深度学习技术的人脸识别技术在准确率上已经超过人类。目前,市场上大多数的人脸识别系统采用了深度学习技术。

与指纹识别类似,使用人脸识别进行用户认证时,也需要两个阶段,即注册和认证。

注册是从用户的人脸图像中提取脸部特征保存起来,并与用户身份进行绑定。

利用人脸识别进行用户认证的过程一般可分为以下四个阶段。

(1) 人脸检测。人脸检测是检测输入的图像中是否存在人脸,如果存在人脸,则将人脸部分从输入图像中分割出来。

(2) 预处理。预处理的主要目的是改善图像质量,对图像进行规范化,便于后续提取出人脸特征。预处理包括图像增强、人脸扶正、归一化等工作。图像增强的目的是改善图像质量。例如,降低外界环境引入的噪声、光照和遮挡的影响。人脸扶正的目的是获得端正的人脸图像。例如,可先识别出人脸的特征点,再通过旋转变换实现人脸扶正。归一化是将人脸图像转换为尺寸和灰度取值范围相同的标准化图像。

(3) 特征提取。特征提取是将预处理后的标准化人脸图像转换为具有区分性的人脸特征，便于后续识别出人的身份。人脸图像一般用像素值矩阵表示，矩阵包括大量元素，因此原始人脸图像是高维的。此外，姿态、光照、表情也会降低人脸图像信息的有效性，使同一人脸的不同样本间的差别很大。特征提取就是要将原始的高维图像转换成低维向量，并降低各种外界因素对特征表示的影响。

(4) 特征匹配。将提取的特征与模板特征进行对比，计算两者的相似度。若相似度超过一个阈值，则匹配成功，否则匹配失败。

5) 人脸识别技术面临的挑战

在严格受控的条件下，人脸识别目前已能达到极高的准确率。但在真实应用中，特别是在非受控条件下，人脸识别技术仍面临许多挑战，例如前面提到的遮挡、图像质量、样本数目对识别准确率的影响。此外，人脸识别还会受到年龄变化、化妆、疾病等问题的影响。当人脸识别技术用于公共安全和信息安全领域时，还需要解决主动逃避和图像伪造问题。

主动逃避是指被识别人故意不让系统识别其脸部特征。被识别人的主动逃避，加上现有识别系统的不足可能会导致严重的安全问题。例如2013年美国波士顿马拉松爆炸案造成上百人受伤。警方从现场视频中提取的嫌犯人像，在身份库中不能成功搜索匹配。人脸识别专家对其人脸识别系统进行了评估，认为光照、姿态、遮挡和图像质量等问题造成了搜索嫌犯的失败。根据2019年美国NIST机构发布的评估报告，在环境不可控、用户不配合的条件下，人脸识别技术错误识别率要比受控条件下高出一个数量级。

图像伪造是指攻击者通过假的脸部图像或视频欺骗识别系统，从而通过用户认证。为了提高人脸识别系统的安全性，需要使用人脸防伪技术，也称活体人脸检测技术。一种常用的人脸防伪技术，要求被检测人根据系统指示做出相应的动作，如张嘴、转头、眨眼等。使用三维人脸识别技术也可提高防伪检测效果。该技术利用二维或三维摄像头构建用户头部的三维模型，从而识别出图像或视频欺骗。

3.5 远程用户认证中的对抗

随着深度学习技术的成功，人脸识别已经成为用户认证的最常用的方式之一。本节重点介绍人脸识别的攻击技术和防御方法。尽管基于深度学习技术的人脸识别达到了极高的准确率，目前也存在多种攻击方法，如重放攻击(replay attack)、对抗样本攻击(adversarial attack)和人脸融合欺骗攻击(morphing attacks)。

人脸识别中的重放攻击思路类似于网络通信中的重放攻击，攻击者将窃取到的人脸信息发送给检测器，从而通过人脸识别验证。重放攻击又可分为欺骗攻击(spoofing attack)和面具攻击。欺骗攻击主要通过图片或视频伪造脸部信息。例如，攻击者将打印的人脸图像置于摄像头前，或者利用显示设备播放窃取的人像视频。欺骗攻击的检测方法主要包括基于动作的方法和基于特征分析的方法。基于动作的方法要求用户根据检测系统的提示做出相应的动作，如眨眼、张嘴、转头等。基于特征分析的方法则对视频或图像中的人脸特征进行分析，以判断摄像头获取的信息是否来自真实的人。此外，三维人脸识别技术也被用于检测欺骗攻击，它通过构建人脸的三维模型发现伪造的人脸。

在面具攻击中,攻击者使用硅胶、乳胶等软性材料来制造面具,当佩戴好面具后,攻击者有可能骗过人脸识别系统。面具攻击能在一定程度上应对人脸识别系统对欺骗攻击的检测。例如,攻击者佩戴面具后能够按系统提示做出相应动作,从而应对基于动作的检测。面具攻击的缺点是攻击成本高,一般需要昂贵的材料且制作工艺难度较高、制作时间较长。此外,佩戴面具的攻击者容易被人类检查员发现。

2014 年,研究者发现了深度学习技术的一个缺陷。如果向图像添加一些噪声,即使修改后的图像对于人眼而言并没有多大的变化,但神经网络却无法正确识别图像中的物体。这类修改后的图像样本被称作对抗样本,用对抗样本攻击神经网络被称作对抗攻击。如今,对抗攻击已经成为人脸识别系统面临的重要威胁。针对人脸识别的对抗攻击可分为数字攻击(digital attack)和物理攻击(physical attack)两类。数字攻击的攻击过程发生在数字域,攻击者通过访问和直接干扰数字输入图像使人脸识别系统失效。物理攻击的干扰对象则位于物理世界,攻击者通过可穿戴物品使人脸识别系统失效。例如,研究者表明,攻击者通过佩戴眼镜、帽子,或者在人脸上贴纸,都可以使人脸识别系统输出错误的识别结果。对抗攻击的防御方法主要包括对抗训练和预处理方法。对抗训练将对抗样本加入到训练数据中,使得神经网络可以学习到对抗样本的特征,从而降低识别错误。然而,使用对抗训练方法更新后的神经网络可能无法检测出新的对抗样本。预处理方法对输入的人脸图像进行预处理。这些预处理方法通常是一个数据转换模块,以消除人脸图像中的对抗扰动,从而降低对抗样本干扰神经网络的概率。

人脸融合欺骗攻击是一种针对人脸识别的新型攻击。攻击者将自己及协助者的真实人脸图像融合成一张人脸照片,该照片中的人脸与攻击者和协助者都存在较高的相似度。接下来,协助者向注册机构提交融合照片,并获得身份证件。最后,攻击者使用协助者证件假冒其身份。由于攻击者与注册的照片高度相似,因此有可能骗过人脸识别系统。鉴于融合人脸图像与真实图像之间存在纹理差异,可以利用这一点检测融合欺骗攻击。例如,有的检测系统使用人脸图像的二值化统计图像特征表示人脸图像的纹理模式,再利用机器学习技术判断图像是否由多个图像融合生成。

3.6 验证码破解对抗项目

1. 项目概述

本项目要求对抗双方模拟针对验证码的攻击及防御过程。对抗分为三轮：第一轮,双方搭建模拟环境,利用工具开展简单的验证码破解活动；第二轮,双方编写程序实现三种类型的验证码攻击与防御活动；第三轮,双方查阅参考资料、提出新想法,实现对一种难度较高的验证码系统的破解。

2. 能力目标

(1) 能够实现多种类型的验证码。
(2) 能够对多种类型的验证码进行破解。
(3) 能够检索和学习参考资料并据此设计新的验证码破解或防御方法。

(4) 能够编写程序将设计的方法用于实践。
(5) 能够撰写项目报告详细描述对抗过程和技术细节。

3. 项目背景

A公司是一家提供金融资讯服务的公司,客户登录系统后可通过A公司的网站获取相关的金融资讯。最近B组织使用网络爬虫技术频繁地抓取A公司网站的资讯。为了应对这一情况,A公司决定采用验证码区分网络爬虫和正常用户。

4. 评分标准

学生的项目成绩由三部分构成:
(1) 对抗得分。由每一轮的对抗结果决定。
(2) 能力得分。根据学生在对抗过程中展现的专业能力决定。
(3) 报告得分。由项目报告的质量决定。

5. 小组分工

项目由两个小组进行对抗,各组人数应大体相当,每组可包含1~4人。分工应确保每个组员达到至少3项能力目标。
两个小组可分别扮演A、B双方,或者同时扮演A、B双方。

6. 基础知识

项目需要的基础知识包括:
(1) Web网站的基本知识。
(2) 常见的验证码类型,如图形验证码、滑动验证码、旋转验证码等。
(3) 程序编写知识。

7. 工具准备

(1) 操作系统,用于搭建目标网站,推荐使用Linux。
(2) Web服务器,用于提供Web服务,推荐使用Apache。
(3) 编程语言,用于开发网站、攻击程序和防御程序,常用的有Python、Java、PHP等。

8. 实验环境

本项目需要至少两台计算机,一台为A方所有,用于安装Web服务器,可放置在互联网上;另一台为B方所有,用于访问A方的Web服务器。

9. 第一轮对抗

第一轮的任务是搭建模拟环境,并开展简单的字符型验证码攻击和防御活动。
1) 对抗准备
A方搭建网站并上传至服务器提供访问,网站实现了简单的字符型验证码功能。B方准备好验证码的破解程序或工具。

2）对抗过程

(1) A方展示验证码的正常使用过程。

(2) B方访问A方网站，利用攻击程序或工具破解A方网站的字符型验证码。

(3) 多次重复第(2)步，统计B方成功破解验证码的次数。

3）对抗得分

达到以下要求，对应方可获得积分：

(1) A方环境配置正确。

(2) A方成功破解B方验证码的次数。

(3) B方成功防御A方验证码攻击的次数。

以上各项的具体分值可由双方在对抗前商议确定。

10. 第二轮对抗

在第二轮对抗中，双方针对更多类型的验证码开展验证码攻击和防御活动。

1）对抗准备

A方编写程序实现三种类型的图形验证码。

(1) 滑动验证码：用户将拼图块拖动至图形中正确的地方。

(2) 旋转验证码：用户旋转图像至正确的角度。

(3) 点选验证码：用户根据提示从多个图像中选择正确的一个。

B方编写程序对以上三种图形验证码进行破解。

2）对抗过程

(1) A方展示三种验证码的正常使用过程。

(2) B方使用攻击程序破解A方网站的验证码。

(3) 统计B方破解每种验证码的成功率。

3）对抗得分

对抗得分由以下部分构成：

(1) B方破解滑动验证码的成功率。

(2) B方破解旋转验证码的成功率。

(3) B方破解点选验证码的成功率。

以上各部分的具体分值可由双方在对抗前商议确定。第二轮的总分值应高于第一轮。

11. 第三轮对抗

在第三轮对抗中，A、B双方均担任攻击者角色。双方协商选择一种当前被广泛采用的、有挑战性的验证码类型进行破解。

1）对抗准备

双方查阅相关资料，开发或选择一个具有较高难度的验证码系统。双方学习新的验证码破解方法，设计并编写破解程序。

2）对抗过程

双方针对选择的验证码系统开展破解活动，记录破解的时间和成功率。

3）对抗得分

对抗得分由以下部分构成：

（1）破解成功率。

（2）破解时间。

以上各部分的具体分值可由双方在对抗前商议确定。第三轮的总分值应高于第二轮。

3.7　参考文献

[1]　王平，汪定，黄欣沂. 口令安全研究进展[J]. 计算机研究与发展，2016，53(10)：2173-2188.

[2]　童永清. 口令攻击与防范[J]. 计算机安全，2004(01)：66-67.

[3]　张晋源，袁丽欧. 探析关于图形验证码的安全性[J]. 电脑编程技巧与维护，2017(12)：76-77.

[4]　张立新. 多种类型验证码的研究与分析[J]. 福建电脑，2016，32(10)：76＋125.

[5]　胡健，柳青，王海林. 验证码安全与验证码绕过技术[J]. 计算机应用，2016，36(S1)：37-41＋57.

[6]　王刚刚. 图片验证码的识别与研究[D]. 南京：南京邮电大学，2018.

思考题

1. 识别和认证的区别是什么？请提供两个例子辅助你的解释。
2. 说明本地用户认证和远程用户认证之间的区别。
3. 列出并简要说明三种远程用户认证技术。
4. 远程用户认证技术常见的几种用途是什么？
5. 远程用户认证技术面临的挑战分别有哪些？
6. 简要说明基于三种因素的远程用户认证方式。
7. 常见的口令攻击方式有哪些？
8. 列举并简单描述设置和选择口令的四种常用方法。
9. 列出并简要说明常用的验证码类型。
10. 简述用户申请并获得数字证书的流程。
11. 基于生物特征的用户认证原理是什么？
12. 列举并简要描述生物特征认证方法所使用的主要身体特征。
13. 简述基于生物特征的远程用户认证的两个阶段。
14. 总结人脸识别技术面临的挑战。

第 4 章

网络扫描

CHAPTER 4

4.1　基本知识

4.1.1　概述

网络扫描是对目标网络的间接观察或直接通信以获取目标网络及主机相关信息的过程。这些信息通常包括主机及服务的活动性、类型及详细信息，以及网络和主机存在的安全漏洞等。

网络扫描常被渗透测试人员和网络入侵者使用。渗透测试是一种通过模拟网络攻击手段以评估网络安全状况的安全检测方法。渗透测试人员把网络扫描看作网络安全防护的必要手段，利用它发现网络中的安全隐患，根据扫描结果对系统进行针对性的修补或防护，从而降低系统的安全风险。入侵者则把网络扫描看作网络入侵的一个重要环节。如图 4.1 所示为网络入侵的典型过程。

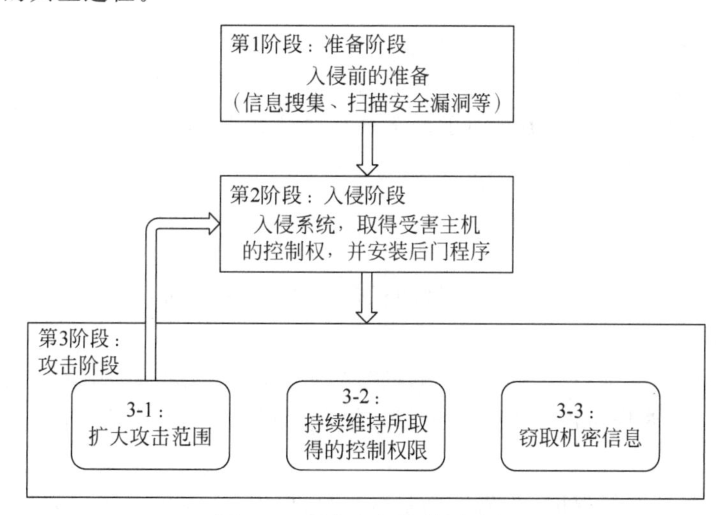

图 4.1　网络入侵的典型过程

一个典型的网络入侵过程包括以下 3 个阶段。

（1）准备阶段：入侵者搜集关于目标系统的相关信息，发现系统的安全漏洞，为后续阶段提供支持。

（2）入侵阶段：入侵者利用系统漏洞获得系统的控制权，并安装后门程序。

（3）攻击阶段：入侵者实施攻击活动，包括维持控制权限、窃取机密信息、修改系统中的数据、以系统为跳板入侵网络中的其他主机等。

在准备阶段，入侵者可使用网络扫描实现两个目标。一是获取目标网络和主机的相关信息，这些信息在后续的入侵和攻击阶段可能被使用。二是发现系统中存在的漏洞，从而为入侵系统提供基础。

由于网络扫描获取的信息可能涉及隐私和机密信息，扫描活动还可能干扰网络正常功能甚至危害网络安全，因此当开展网络扫描时，应提前获得网络所有者的书面授权书，否则需要承担相应的法律责任。

4.1.2 扫描技术的分类

1. 按扫描方式分类

根据扫描方式,网络扫描技术可分为三类:主动扫描、被动扫描和第三方扫描。

1) 主动扫描

主动扫描,一般称作活动主机探测,是指扫描方主动发送数据包,以发现网络中活动的主机。例如,当目标用户使用Ping指令进行主动扫描,会发出一条ICMP Echo-Request报文给目标计算机。当目标计算机收到该要求后,若返回一条ICMP Echo-Reply报文,这说明该目标主机是活动的。

2) 被动扫描

被动扫描是指扫描方通过长时间监听网络中的数据,以发现网络中的活动主机。一种常见的被动扫描是监听广播包。广播包的发送主要有两个原因。一是广播消息,即发送数据给网络内的全部主机。二是从本地网络中发现特定网络资源的位置,例如ARP广播包用于获取IP地址对应的MAC地址。

3) 第三方扫描

第三方扫描是指借助第三方提供的服务或设备实施扫描。例如,使用公共网络服务或者控制其他主机实施扫描。

2. 按扫描范围分类

根据扫描范围,网络扫描可分为局域网扫描、无线网络扫描和广域网扫描。

1) 局域网扫描

一个较小区域内的多台计算机构成的网络称为局域网。局域网中的所有主机之间可以直接通信,因此通过对局域网中的主机进行扫描,就可以发现正在活动的主机,从而进行数据传输。

当用户进行局域网扫描时,首先要确定该局域网的一个基本范围,如单个IP地址、多个IP地址或者整个子网,以避免在后续扫描过程中浪费大量时间。

对局域网的扫描主要包括对ARP协议的主动扫描和被动扫描,以及对DHCP协议的被动扫描。也可以监听其他协议,如BROWSER、SSDP和LLMNR等,它们会主动发送广播或组播包。

2) 无线网络扫描

无线网络是一种特殊的局域网,它与有线网络最大的差别在于传播媒介。由于无线网络采用无线电技术传输数据,其网络扫描方式与有线局域网也有差别。这些差别主要体现在网络的发现以及网络中设备的发现等。

3) 广域网扫描

广域网指连接多个本地局域网或城域网的远程网络。一般穿过较大的自然物理区域,可以支持许多地方政府、企业或国家机构进行长距离通信。对广域网的常见扫描方法包括注册域名查询、第三方扫描、域名探测。

(1) 注册域名查询:利用WHOIS协议查询注册域名的详细信息。

(2) 第三方扫描：利用知名的专业搜索引擎(如 Shodan 和 ZoomEye)查询广域网中的设备或主机信息。

(3) 域名探测：指根据域名获取相关信息，如域名是否活动、域名对应的 IP 地址及其关联的子域名等信息。

3. 按扫描隐蔽性分类

根据扫描过程同标准网络协议的符合程度，可分为开放扫描、半开放扫描和秘密扫描。

1) 开放扫描

开放扫描的过程完全符合标准的网络协议。例如，开放扫描在使用 TCP 协议时完全遵循三次握手过程来建立 TCP 连接。开放扫描活动一般会被记录在安全设备的日志中。开放扫描可以作为一种正常扫描行为，由网络管理员直接使用。

2) 半开放扫描

半开放扫描是一种介于开放扫描和秘密扫描之间的扫描技术。例如，在使用 TCP 协议时，半开放扫描会遵循 TCP 标准的一部分内容，但不建立 TCP 连接。常用的 TCP 半开放扫描方式有 TCP SYN 扫描和 TCP ACK 扫描。

3) 秘密扫描

秘密扫描是一种旨在逃避安全设备审计的扫描技术。例如，秘密扫描在使用 TCP 协议时，不会遵循 TCP 三次握手过程的规定，一般不会被安全设备记录在日志中，因此可避开防火墙或入侵检测系统的日志审核。秘密扫描方式有两个限制，一是扫描方需要自行构造 IP 包，而不能直接调用操作系统提供的接口，这要求扫描方获得较高的系统权限；二是安全设备可能会丢弃那些不符合标准的数据包，这会造成扫描结果的不稳定。

4. 按扫描目的分类

根据扫描目的的不同，网络扫描技术可分成四类。

(1) 勘探扫描：判断目标主机或端口是否活动。

(2) 识别扫描：确认目标主机或服务的类型。

(3) 服务扫描：获取关于某项服务的详细信息。

(4) 漏洞扫描：发现网络中存在的安全漏洞。

对网络的扫描通常按照勘探扫描、识别扫描、服务扫描和漏洞扫描的顺序依次进行。本章后续部分将对这四类扫描技术进行介绍。

4.2　勘探扫描

视频讲解

勘探扫描的目的是判断目标主机是否活动，以及服务端口是否开放。勘探扫描可利用一些基础扫描技术实现，如 IP 扫描、ICMP 扫描、TCP 扫描和 UDP 扫描。

4.2.1　IP 扫描

IP 扫描是指利用 IP 协议进行网络扫描。IP 扫描可以探测目标主机提供了 TCP/IP 协议族中的哪些服务、协议号及服务端口的状态。经过IP扫描,服务端口的状态可分为四类。

(1) 开放：端口正在接收TCP或UDP报文。

(2) 关闭的：端口接收到探测数据包,并回应此端口关闭。

(3) 被过滤的：探测数据包被包过滤技术阻止,因此无法确定端口的开放情况。

(4) 未被过滤的：端口可访问,但无法确定端口的开放情况。

4.2.2 ICMP扫描

ICMP扫描利用ICMP协议判断主机是否活动。标准的ICMP扫描技术通过向目标主机发送包含ICMP Echo请求的数据包来判断目标主机是否在线。根据目标主机是否返回响应,或者返回响应所花的时间,来检查目标主机是否可达。如果目标主机可达,还可以判断扫描主机与目标主机之间的网络是否通畅。其典型的实现是使用操作系统提供的ping命令。

许多网络会设置防火墙阻止ICMP Echo请求。某些配置不当的防火墙不会过滤对ICMP时间戳请求的回复,因此也可利用ICMP时间戳查询判断目标主机是否在线。

4.2.3 TCP扫描

TCP包扫描是指利用TCP协议向目标主机发送不同类型的报文,然后根据目标主机的响应情况来获取关于目标主机的信息。

以下介绍几种常见的TCP扫描。

1. TCP全连接扫描

TCP全连接扫描是一种开放式扫描。扫描主机与目标主机通过完整的三次握手过程建立TCP连接,从而判断目标端口是否开放。这种方法扫描速度慢,准确性较高,但是该扫描行为会被记录在日志中,容易被防火墙发现。

2. TCP SYN扫描

TCP SYN扫描是一种半开放扫描。扫描主机先向目标主机指定端口发送SYN数据包。如果目标主机回复RST数据包,说明端口是关闭的；如果目标主机回复SYN+ACK数据包,则说明目标端口处于监听状态。在获取端口的状态信息后,扫描主机不需要与目标主机建立连接。为了阻止连接建立,扫描主机可以发送RST数据包给目标主机。由于连接最终没有建立,因此该扫描过程通常不会被记录到日志中。但是这种扫描需要扫描程序拥有较高的系统权限。

3. TCP ACK扫描

TCP ACK扫描是向目标主机的特定端口发送一个只有ACK标志的TCP数据包,根据目标主机返回的RST数据包判断端口的开放情况。若数据包的TTL值小于64,认为端口开启。当TTL值大于64,则认为端口关闭。

4. TCP 窗口扫描

TCP 窗口扫描与 TCP ACK 扫描类似。某些系统在实现 TCP 协议时，若端口关闭则窗口值设为 0，开放则窗口值设为正数。因此当扫描主机收到 RST 报文回复时，可根据窗口值是正数还是 0，从而判断目标端口是否开放。

5. TCP FIN 扫描

TCP FIN 扫描是向目标主机的特定端口发送一个 FIN 包。若收到目标响应的 RST 包，说明端口是关闭的；若没有收到响应，则说明端口是开放的或 FIN 包被防火墙过滤。

4.2.4　UDP 扫描

UDP 扫描通过向目标主机发送 UDP 报文，根据目标主机的响应情况来判断目标主机是否在线，以及 UDP 端口的状态。

4.3　识别扫描

识别扫描的目的是判断目标主机上运行的服务类型、操作系统类型或其他相关信息。

4.3.1　服务识别

服务识别是指根据应用层服务提供的信息和通信特征，判断服务的类型和版本号。服务识别主要分为四种方法。

1. 基于端口的识别方法

该方法根据服务使用的端口号判断服务的类型。在大多数情况下，服务均使用默认端口，例如 Web 服务使用 80 号端口，SMTP 使用 25 号端口。因此可以通过端口号判断服务的类型。但该方法不适合以下情况。

(1) 由于安全或其他原因，有的服务不使用默认端口。例如，为了防止入侵者攻击，主机可能选择不常见的端口号。此外，在同一个主机上运行多个相同的服务时，其中一些服务只能使用非默认的端口号。

(2) 部分服务共享相同的端口号。例如 TCP 258 号端口被两个不同的服务共用。

(3) 通过端口号无法确定服务的版本号。许多服务都有多个版本，例如 SNMP 有 3 个版本，但它们都采用 161 号端口。从网络扫描的角度，准确的版本号有助于发现主机的安全风险。

2. 基于欢迎信息的识别方法

该方法适用于基于 TCP 连接的服务。扫描主机首先与目标主机建立 TCP 连接。然后扫描主机不发送任何信息，而是等待目标主机发来的欢迎信息(welcome banner)。通过将欢迎信息的特征与服务特征数据库进行比较，有可能确认服务类型及版本号。

例如,当目标主机发回的欢迎信息为“220(vsFTPd 3.0.3)”,则可以判断该服务为FTP服务,采用的服务器软件为vsftpd,软件版本号为3.0.3。

基于欢迎信息的识别方法不适合以下场景:

(1) 基于UDP协议的服务。

(2) 不返回欢迎信息的服务。

(3) 返回的欢迎信息不能确定服务类型或版本号。

3. 基于探测包的识别方法

该方法同时适用于基于UDP和TCP的服务,它通过向目标主机发送精心构造的探测包,根据目标主机的响应报文判断服务类型及版本号。该方法可能需要发送多个探测包。

(1) 为了找到正确的端口,可能需要多次尝试。例如,对于Web服务,可能需要尝试访问80—85、8000—8010、8080—8085这些HTTP协议经常使用的端口。

(2) 扫描主机可以根据前一次的响应报文,有针对性地构造下一个探测包。为了实现自动化探测,探测包之间的逻辑关系可以事先配置。

4. 基于网络流量的识别方法

该方法主要基于被动监听的大量数据包载荷或数据流模式来推断服务类型和版本号。其关键技术为模式识别和机器学习技术。该方法的一般处理流程为数据采集、数据预处理、特征提取、模型构建和服务识别。例如,对数据包载荷中的关键字进行提取和统计,由此推断最可能的服务。或者基于数据流的若干特征构建有监督的机器学习模型,利用大量数据学习模型参数,从而构建出高准确率的网络服务分类模型。

4.3.2 栈指纹技术

栈指纹技术利用不同操作系统实现TCP/IP协议栈的细微差别来辨识操作系统的类型。TCP/IP协议簇对某些参数的默认值没有给出明确的规定,不同的操作系统或者同一操作系统的不同版本选择的默认值可能不同。此外,不同操作系统对一些特殊情况的处理方式也可能不同。将这些参数设置和处理方式综合起来,可以形成一个关于TCP/IP协议栈实现特点的摘要信息,称为TCP/IP协议栈指纹。利用该指纹可以猜测对应主机的操作系统类型甚至操作系统的版本号。

以下是不同版本的操作系统对某些参数的设置值举例。

(1) IP协议初始TTL值:Windows 98是32,Linux 2.4是64,Windows 10是128。

(2) TCP协议窗口大小:Linux 2.4是5840,Windows XP是65535。

(3) TCP协议初始序列号:Windows采用基于时间的方式,Linux则采用随机方式。

以下是不同操作系统对特殊情况的处理方式举例。

(1) FIN探测包:当发送一个FIN数据包到一个监听端口,根据RFC793定义的标准行为是不响应,但某些操作系统如Windows、BSD、CISCO等会回应RESET包。

(2) ACK设置方法:如果发送FIN/PSH/URG报文到一个关闭的端口,操作系统返回的数据包的ACK值一般设置为发送报文的初始序列号,而少数操作系统如Windows系统则设置ACK为初始序列号加1。

栈指纹识别技术可分为两种方法。

（1）主动栈指纹识别方法：扫描主机向目标主机发送特殊结构的TCP数据报文，并根据对方返回的数据包生成栈指纹。例如，nmap工具利用精心设计的6个TCP报文及其响应报文可以比较准确地判断出目标主机的操作系统。主动栈指纹识别方法的优点是只需要少量的数据包即可识别出目标主机操作系统的类型，缺点是需要与目标主机建立TCP连接。

（2）被动栈指纹识别方法：扫描主机不向目标系统发送报文，而是通过监测网络通信中大量TCP报文的信息生成栈指纹。该方法的优点是不需要建立TCP连接，故隐蔽性较强，缺点是可能需要较长时间的监测才能搜集到栈指纹所需的信息。

4.3.3 SNMP服务

SNMP是一种网络管理协议，主要用于网络管理和网络监控。SNMP协议由SNMP管理站和SNMP代理两部分组成。SNMP管理站是中心节点，负责收集各网络节点的信息并向网络管理员报告，而SNMP代理运行在被管理的各个网络节点上。SNMP管理站和SNMP代理之间使用UDP协议进行通信，端口号为161。SNMP管理站向SNMP代理发送命令，SNMP代理收到命令后，向SNMP管理站返回相应的信息。当SNMP代理发现网络中的异常状况时，也会主动向SNMP管理站报告异常信息。

使用SNMP服务需要猜测或破解SNMP用户口令。在获得口令后即可获取关于主机的各类信息，举例如下。

（1）系统基本信息：包括主机名、IP地址、系统描述、主机所在的域等信息。

（2）用户账号：包括该主机所有用户的名称。

（3）网络信息：如默认TTL值、已收到的TCP报文数量、已发送的TCP报文数量等。

（4）网络接口信息：主机全部网络接口的信息，包括每个接口的MAC地址、IP地址、接口速率等。

（5）路由信息：每条记录包括目的地址、下一条地址、子网掩码和距离等内容。

（6）监听的TCP端口：TCP连接信息，包括本地和远端地址、端口、端口状态等。

（7）监听的UDP端口：已开启的UDP端口号及本地地址。

（8）网络服务信息：目标主机安装的全体服务，如DHCP Client、VMware Tools、SQL Server Analysis Services等。

（9）进程信息：包括进程的名称、状态、路径和参数等。

（10）存储信息：系统全体磁盘的信息，包括盘符名、文件系统类型、磁盘空间大小、磁盘已用空间大小等。

（11）文件系统信息：包括文件系统的索引、挂载点及访问权限等。

（12）设备信息：包括打印机、网络设备的类型、状态和描述信息等。

（13）软件组件信息：主机上安装的全体软件组件，如WinRAR、Microsoft .NET Framework等。

（14）共享信息：包括目标主机中的全体共享路径及用户名。

4.4 服务扫描

若已知目标主机对外提供某种服务,可以对该服务进行扫描,以获得关于目标主机及服务的详细信息。本节将介绍一些常见的网络服务以及扫描这些服务可获取的信息。

4.4.1 网络基础服务

网络基础服务是指连接到网络需要的基本服务,如DHCP、Daytime、NTP和NetBIOS等,下面分别介绍这几种服务。

1. DHCP服务

DHCP(动态主机配置协议)是一个应用层协议,用于IP地址的动态分配。DHCP包括服务器和客户端两个部分。服务器管理一定范围内的IP地址,客户端(如个人电脑、打印机)的IP地址允许动态变化。当客户端向DHCP服务器发出IP地址申请时,服务器根据DHCP协议向其分配IP地址。DHCP协议使用UDP作为传输协议,服务器端口为67,客户端为68。

通过DHCP服务扫描,可以获取DHCP服务器的IP地址、DHCP消息类型、子网掩码、路由器IP地址、DNS服务器IP地址、NetBIOS名称服务器IP地址等信息。

2. Daytime服务和NTP服务

局域网中主机的时间可能是不精确的,各主机之间的时间也可能差别较大。Daytime服务用于获取当前的日期和时间。Daytime可使用TCP或UDP协议进行传输,端口均为13。以TCP协议为例,当TCP连接成功建立后,服务器立即向客户端返回当前日期和时间,然后关闭连接。NTP(Network Time Protocol,网络时间协议)服务也可以实现类似目的,其目标是把计算机时钟同步到国际标准时间UTC。NTP基于UDP协议,端口号为123。

通过Daytime或NTP服务扫描,可获得相对精确的时间信息。

3. NetBIOS服务

NetBIOS(Network Basic Input/Output System,网络基本输入输出系统)工作在ISO模型中的会话层,主要用于局域网中计算机之间的通信。NetBIOS协议监听3个端口,其中UDP端口137用来提供NetBIOS名称解析服务,负责将短名字解析为IP地址;UDP端口138用于无连接的数据报服务,例如提供计算机名称的浏览功能;TCP端口139提供会话服务,允许两台计算机进行通信,例如实现文件共享或文件打印。

通过扫描NetBIOS服务,可以获取目标主机的名称和MAC地址等信息。

4.4.2 SSL/TLS服务

SSL(Secure Sockets Layer,安全套接层)及其后续版本TLS(Transport Layer

Security，安全传输层）是为应用层提供安全服务的协议，可以为服务器与客户端在互联网上的通信提供保密性和完整性服务。例如，访问网站常用的 HTTPS 协议就是基于 SSL/TLS 服务实现的。SSL/TLS 采用 TCP 协议作为传输层，其默认端口号为 443。

通过扫描 SSL/TLS 服务，可以获取服务器的数字证书（信息包括证书持有者、证书颁发机构、证书有效日期、支持的公钥加密算法、数字签名算法、签名结果等），SSL/TLS 服务支持的所有加密方式，SSL/TLS 服务支持的应用层协议等信息。

4.4.3　文件共享服务

文件共享服务允许用户访问其他主机在网络上共享的文件，常见的服务有 NFS、苹果公司的 AFP 等。下面以 NFS 为例介绍文件共享服务。

NFS（Network File System，网络文件系统）是一种允许网络中的主机之间共享文件的协议。利用 NFS 协议，共享文件目录被挂载到本地主机的文件系统上，网络共享文件就像存储在本地主机的磁盘上，使用户可以像访问本地文件一样访问位于网络上的共享文件。NFS 协议的默认端口号为 2049，可支持 TCP 和 UDP 传输协议。

通过扫描 NFS 协议，可以获得 NFS 服务中共享的文件列表及每个共享文件的信息，如权限、时间、用户 ID、组 ID、文件大小和文件名等内容。

4.4.4　数据库服务

数据库服务器由计算机硬件和数据库管理系统组成，可为应用程序提供数据服务。常见的数据库产品有 MySQL、Oracle、SQL Server、DB2、Sybase 等。此处以 MySQL 为例进行介绍。

MySQL 是一种关系型数据库管理系统，具有开放源代码、体积小、成本低等优势，是中小型企业中最常采用的数据库系统之一。MySQL 数据库采用 TCP 协议作为传输层，默认端口号为 3306。

通过扫描 MySQL 服务，可以获取 MySQL 服务器的软件版本号、线程 ID、加密算法和采用的盐值等信息。

4.4.5　邮件服务

电子邮件服务是最常见的互联网服务之一，其目的是实现电子邮件的收发管理。最常用的邮件服务协议包括 IMAP、POP3 和 SMTP 等。此处以 SMTP 协议为例进行介绍。

SMTP（Simple Mail Transfer Protocol，简单邮件传输协议）是一个用于电子邮件传输的互联网通信协议，一般用于发送电子邮件信息。为了从邮件服务器上获取邮件，可使用 POP3 或 IMAP 协议。SMTP 协议采用 TCP 协议作为传输层，服务器端口号为 25。

通过扫描 SMTP 服务器可以获取目标主机名称、DNS 计算机名称和 SMTP 服务器版本号等信息。

4.5 漏洞扫描

漏洞(vulnerability)是指计算机系统中的安全缺陷,利用这些缺陷可以破坏系统的安全,造成系统非正常运行。漏洞扫描是对目标系统进行全面的安全检查以发现其中可能存在的安全缺陷。漏洞扫描可以采用手工检查或借助工具自动化检查的方式。当漏洞被发现后,攻击者可以利用该漏洞对目标系统发起攻击。本节主要介绍漏洞的基本类别和漏洞扫描的常用方法。

4.5.1 漏洞的分类

系统的安全漏洞可能在其生命周期中的多个环节中出现。它可能是人为配置造成的,也可能是系统在设计和实现时引入的。不同安全漏洞的技术原理不同,造成的危害程度和影响范围也有很大差别。

1. 按产生原因分类

漏洞的产生可能来自安全策略或协议自身的安全缺陷,也可能是在系统实现时引入的缺陷。例如,管理人员在制定安全策略遗漏了重要的场景,芯片本身存在逻辑错误,或程序实现时没有考虑对缓冲区溢出攻击的防御。漏洞按其产生的原因可分成三类。

1) 系统配置产生的漏洞

在实际应用中,用户会根据功能和安全需求对系统的属性或参数等进行配置。如果在配置的过程中考虑不周或出现不当操作,则会导致系统出现漏洞。以下介绍两种人为因素导致的漏洞类型,即弱口令和权限设置错误。

(1) 弱口令:弱口令指初始口令或简单口令等容易被暴力破解的口令。由于口令是用户认证的一个重要途径,当用户在设置口令时直接使用默认口令,或者选择了易于猜测的口令,就人为地引入了安全漏洞。例如,123456、111111、qwerty是最常使用的几个弱口令。

(2) 权限设置错误:权限规定了用户在系统中可以实施的操作。例如,高级用户权限允许对全体文件进行修改和删除,而普通用户权限只能查看和修改部分文件。如果用户权限配置不当则会为系统引入安全漏洞。例如,在FTP服务的权限设置中,如果管理员将普通用户错误地设置为拥有运行程序的权限,则恶意用户可能会上传并运行木马程序,从而获得对系统的控制权。

2) 系统设计产生的漏洞

有的系统在设计时可能未考虑安全需求,或者安全策略设计不合理,因此在设计阶段就引入了安全漏洞。例如,TCP/IP协议在设计时很少考虑安全需求,因此它在机密性、完整性和可用性三方面都存在安全漏洞。

3) 系统实现产生的漏洞

有的安全漏洞是在系统实现时引入的。例如,程序员在编写C语言程序时未进行数组越界检查,这就在程序中留下了缓冲区溢出漏洞。

2. 按技术类型分类

根据漏洞形成的技术因素，可将漏洞分为以下五类。

1）密码缺陷类

这类漏洞是系统所采用的基础密码算法存在安全缺陷造成的。例如，MD5 和 SHA-1 算法被广泛应用于各种网络安全应用中，但目前已被证明这两个算法存在安全缺陷。因此使用这些算法的系统就存在安全漏洞。

2）协议缺陷类

这类漏洞是系统所采用的基础协议存在安全缺陷造成。例如，ARP 协议不对消息发送方的身份进行认证，SMTP 协议不保护消息的机密性和完整性。当使用的基础协议不能满足系统的安全策略要求时，就引入了安全漏洞。

3）逻辑错误类

这类漏洞是由于程序逻辑存在错误或不够严密，导致安全机制被绕过而造成的。一个典型的例子是程序的水平越权漏洞。假设安全策略规定普通用户只能查看自己的消费记录，只有管理员才能删除消费记录。某程序员实现逻辑如下：当收到用户 A 发送的关于用户 B 的消费记录访问请求时，Web 服务器检查用户 A 的权限。如果是管理员，则提供删除界面；如果是普通用户，则提供关于 B 的消费记录。在这个实现中，程序员忘记检查用户 A 与 B 是否为同一人，这使得用户 A 可水平越权访问用户 B 的信息。

4）内存越界类

这类漏洞是由于程序允许内存越界访问造成的。比较典型是各种溢出漏洞，如栈缓冲区溢出、堆缓冲区溢出、字符串溢出漏洞等。一个典型的例子是 OpenSSL TLS 心跳扩展协议包远程信息泄露漏洞（CVE-2014-0160，又称为心脏滴血漏洞）。该漏洞是由于程序未检查数据区长度值，当按指定的长度读取内存时，导致程序可越界访问内存中预期以外的数据，从而泄露包括用户名和口令等信息在内的敏感数据。

5）输入验证类

这类漏洞是由于未对非法输入进行过滤造成的。典型的例子包括 SQL 注入漏洞和 XSS 跨站脚本执行漏洞。SQL 注入漏洞是指应用程序对输入的 SQL 语句未做安全检查，当后台数据库执行该 SQL 命令时，产生了非预期的数据库操作。这些操作可能会影响数据库系统的保密性、完整性和可用性。XSS 跨站脚本执行漏洞是指 Web 应用对输入数据未做安全检查，当这些数据到达浏览器时，浏览器会执行其中的恶意脚本代码。这些代码可以劫持浏览器会话，开展信息窃取、页面篡改、计算资源消耗等恶意活动。

3. 按攻击途径分类

根据攻击者利用漏洞的途径，安全漏洞可分成四类。

1）通过互联网利用的漏洞

包含漏洞的组件是网络应用，攻击者可以通过互联网利用该漏洞。

例如，虚拟服务器系统 VMware ESXi/ESX 3.5 至 4.1 版本中的 VMX 进程中存在进程拒绝服务漏洞（CNNVD-201205-093）。利用该漏洞，操作系统的 guest 用户可通过互联网远程发送 RPC 命令，在主机操作系统上执行任意代码。

2) 通过局域网利用的漏洞

包含漏洞的组件是网络应用,但攻击者不能通过互联网利用该漏洞,只能在共享的局域网络内利用该漏洞。

例如,网络操作系统 Juniper Junos 的某些版本存在信息泄露漏洞(CNNVD-201310-631)。利用该漏洞,攻击者在局域网内可通过特制的 ARP 消息实施 ARP 投毒攻击,从而获取敏感信息。

3) 通过本地执行利用的漏洞

包含漏洞的组件不是网络应用,需要运行本地应用程序来利用该漏洞。

例如,Adobe Acrobat 和 Adobe Reader 的某些版本存在 PDF 文件处理缓冲区溢出漏洞(CNNVD-200902-480)。当用户使用 Adobe Reader 打开了特殊构造的 PDF 文档,就会触发缓冲区溢出,导致其执行任意代码。

4) 通过物理接触利用的漏洞

攻击者必须与包含漏洞的组件发生物理接触才能利用该漏洞。

例如,Apple iOS 7.04 及之前的版本中的 iCloud 子系统中存在权限许可和访问控制漏洞(CNNVD-201402-235)。利用该漏洞,靠近 Apple iOS 设备的攻击者通过输入任意 iCloud Account Password 和空的 iCloud Account Description 值可绕过密码检查。攻击者可利用该漏洞删除账户,并关联其他的 Apple ID 账户。

4. 其他分类方法

1) 权限要求

根据攻击者利用漏洞需要的权限,漏洞可分成三类。

(1) 无权限要求的漏洞:攻击者在发动攻击时不需要授权。

(2) 权限要求低的漏洞:攻击者在发动攻击前应具有普通用户权限,通常需要进行身份认证。例如,要求具有操作系统的普通用户权限,或者具有 Web、FTP 等应用的普通用户权限。

(3) 权限要求高:攻击者在发动攻击前应具有高级用户权限。例如,要求具有操作系统的管理员权限,或者具有 Web、数据库等应用的后台管理权限。

2) 威胁类型

根据漏洞可能给系统带来的威胁,漏洞可以分成三类。

(1) 窃取信息的漏洞:漏洞可造成系统中的信息被泄露,即破坏系统的机密性。

(2) 拒绝服务的漏洞:漏洞可造成系统无法提供正常的服务,即破坏系统的可用性。

(3) 获取控制的漏洞:漏洞使攻击者获得系统的控制权。在这种情况下,系统的机密性、完整性和可用性都有可能被破坏。

3) 危害程度

根据漏洞对系统安全性的影响程度和影响范围,可以将漏洞分为高危、中危和低危等不同的等级。其中随着系统的机密性、完整性或可用性受影响的程度增加,漏洞的危害程度增加;若影响范围从包含漏洞的组件扩大到其他组件,则危害程度也会增加。

4) 攻击复杂度

根据攻击者利用漏洞实施攻击的复杂程度,可以将漏洞分为高攻击复杂度和低攻击复杂度漏洞。攻击复杂度较高的漏洞意味着攻击者实施的条件很难获得。例如,攻击者需要投入大量的准备工作或需要掌握大量的计算资源等。低复杂度攻击漏洞需要的条件很低或者没有特殊条件,攻击者可以方便地、重复地利用漏洞。

4.5.2 漏洞扫描技术

漏洞扫描的目的是发现系统中存在的安全漏洞。以下介绍漏洞扫描技术的分类,以及如何使用漏洞扫描技术发现漏洞。

1. 漏洞扫描技术的分类

根据漏洞被确认的方式,漏洞扫描技术可分成两类。

(1) 版本检测:根据操作系统或应用程序的版本号确定是否存在某些安全漏洞。前面提到,进程拒绝服务漏洞(CNNVD-201205-093)存在于 VMware ESX 3.5 至 4.1 版本中,若软件版本号为 3.6,则可能存在该漏洞。

(2) 原理检测:又称为精确检测或 PoC (Proof of Concept)检测。在信息安全领域中,PoC 是漏洞存在的证明,一般包含关于漏洞的原理、漏洞的特征码以及用于检测漏洞的代码。利用 PoC,扫描方可以向扫描对象发送特别构造的数据包,根据扫描对象的响应判断漏洞是否存在。例如,SSH 身份验证绕过漏洞(CVE-2018-10933)的检测方式是向 SSH 服务端直接发送 SSH2_MSG_USERAUTH_ SUCCESS 消息。如果不提供认证凭据也能通过身份验证,则说明系统存在此漏洞。

根据扫描方可利用的信息和条件,漏洞扫描技术可分成三类。

(1) 黑盒扫描:扫描方对于扫描目标拥有极少的信息。为了进行黑盒扫描,扫描方通常需要模拟入侵者的行为去发现系统漏洞。

(2) 白盒扫描:扫描方对扫描目标有丰富的知识,例如网络拓扑结构、主机信息,甚至是程序实现的源代码。这些知识有助于扫描方提高扫描效率。

(3) 交互式扫描:扫描方被允许在扫描目标的内部网络中放置扫描代理。扫描代理可以与位于网络外部的扫描方进行交互,执行扫描方命令,监控扫描对象的状态,模拟攻击场景,并将采集的信息反馈给扫描方。

根据漏洞扫描对目标的影响,漏洞扫描技术可分成两类。

(1) 有损检测:扫描过程会影响扫描目标的正常运行。这类扫描通常会构造特殊的数据包,造成目标系统的异常状态,从而证明目标系统存在特定的漏洞。

(2) 无损检测:扫描过程对扫描目标的正常运行几乎不产生影响。例如,被动扫描技术只观察目标网络中的通信数据,因此属于无损检测。

2. 漏洞扫描方式

这里介绍漏洞扫描的三种方式。

1) 扫描工具

常用的网络扫描工具有 nmap、Nessus、Metasploit 等。测试方可利用这些工具对目标进行漏洞扫描。

2) 检查系统配置

错误的系统配置是引入安全漏洞的一个重要原因。以下列出系统配置的常见检查内容:

(1) 是否使用过时的操作系统或应用软件;

(2) 是否及时为安全漏洞安装补丁;

(3) 系统是否存在未使用的账户或匿名账户;

(4) 用户是否使用了弱密码;

(5) 用户的权限是否比实际需要的更高;

(6) 是否开启了不必要的服务。

3) 查询漏洞信息库

如果已知目标系统的操作系统类型和应用软件版本,可以在对应厂商的官网上查询漏洞信息。大部分公司在发现产品漏洞后会在官网公布漏洞及对应的补丁。

除了厂商官网外,还可以到漏洞管理组织的网站上查询漏洞。如美国 MITRE CVE 网站、中国信息安全测试中心维护的 CNNVD 国家漏洞库、中国国家计算机网络应急技术处理协调中心维护的 CNVD 等。

4.6 网络扫描中的对抗

网络扫描是渗透测试的重要环节。由于渗透测试很好地体现了网络安全的对抗特性,此处重点介绍渗透测试的发展历史。

1965 年 6 月,在美国举办的一个计算机安全会议上,参会者提出将突破计算机系统的安全保护作为研究计算机安全的一种方法。

在 1967 年春季的联合计算机会议上,来自美国兰德公司和美国国家安全局的几位计算机安全专家开始使用"渗透"一词描述对计算机系统的攻击。

在 20 世纪 70 年代,为了更好地了解系统弱点,美国政府及其承包商开始组织渗透小组(又称为老虎队,tiger team)。老虎队是政府和行业赞助的破解者团队,他们使用计算机渗透方法试图发现系统中的安全漏洞以提高其安全性。此外,美国兰德公司也对早期的计算机分时系统进行过渗透测试。

James P. Anderson 是渗透测试发展早期的先驱之一,他在 1972 年给出了开展渗透测试的具体步骤。Anderson 于 1980 年提出,可设计一个监控计算机系统使用情况的程序,通过识别异常情况发现入侵行为。该原理如今已被广泛用于入侵检测系统中,但在当时却是一项具有突破性的研究成果。20 世纪 90 年代,出现了一款用于分析网络安全的管理工具 SATAN(Security Administrator Tool for Analyzing Networks)。管理员可以用 SATAN 测试网络,寻找安全漏洞,并生成一个包含潜在安全问题的测试报告。

随着网络攻击技术的演变,渗透测试方法也在不断发展。1995 年,Sun Microsystems 的 Dan Farmer 和埃因霍温理工大学的 Wietse Venema 发表了一篇题为"通过侵入网站提高网站的安全性"的论文,对技术高超的入侵者进行了描述:他们能发现最先进的安全系统中的漏洞,并且可以进出系统而不留痕迹。论文指出系统所有者应该从入侵者的视角检查系统的安全性。

进入 21 世纪,渗透测试开始成为一门学科。2003 年,开放 Web 应用程序安全项目(Open Web Application Security Project, OWASP)发布了一个渗透测试指南,包括一个渗透测试框架,以及针对 Web 应用程序和 Web 服务中常见安全问题的渗透测试建议。2009 年,渗透测试执行标准文档(Penetration Testing Execution Standard Documentation, PTES)发布,为企业和安全服务商提供了一套渗透测试的实施标准。

4.7 网络扫描攻击对抗项目

1. 项目概述

本项目要求对抗双方模拟针对服务器的网络扫描及防御过程。对抗分为三轮:第一轮,双方搭建模拟环境,熟悉网络扫描工具及过程;第二轮,双方围绕蜜罐技术开展网络扫描的攻防对抗;第三轮,双方根据第二轮的对抗结果,查阅参考资料、提出新想法,实现更有挑战性的网络扫描及防御活动。

2. 能力目标

(1) 熟悉多个网络扫描的方法和工具。
(2) 能够识别网络扫描的具体类型并开展针对性的防御。
(3) 能够检索和学习参考资料并据此设计新的网络扫描方法或防御方法。
(4) 能够在网络扫描攻防实战中运用新设计的网络扫描方法或防御方法。
(5) 能够撰写项目报告详细描述对抗过程及技术细节。

3. 项目背景

A公司作为一家知名证券公司,存储了大量证券交易信息及客户个人信息。犯罪集团B组织企图窃取这些资料,因此首先对A公司的服务器进行网络扫描,为下一步的攻击提供准备。近日,A公司的网络安全部门发现了网络扫描的迹象,他们计划对扫描活动进行分析和防御。

4. 评分标准

学生的项目成绩由三部分构成。
(1) 对抗得分。由每一轮的对抗结果决定。
(2) 能力得分。根据学生在对抗过程中展现的专业技能决定。
(3) 报告得分。由项目报告的质量决定。

5. 小组分工

项目由两个小组进行对抗,各组人数应大体相当,每组可包含1~4人。分工应确保每个组员达到至少3项能力目标。

两个小组可分别扮演A、B双方,或者同时扮演A、B双方。

6. 基础知识

项目需要的基础知识包括:
(1) 操作系统、网络与防火墙的基本知识。

(2) 网络扫描攻击的基本知识。

(3) 防御网络扫描的基本方法。

7. 工具准备

(1) 虚拟机软件,用于搭建靶机,推荐使用 metasploitable 虚拟机。

(2) 防御工具,用于防御网络扫描。例如 PortSentry 和蜜罐技术。

(3) 攻击机,用于网络扫描,推荐使用 Kali Linux。

8. 实验环境

本项目至少需要两台计算机,一台为 A 方所有,用于安装服务器,可放置在互联网上;另一台为 B 方所有,用于访问 A 方的服务器。

9. 第一轮对抗

第一轮的任务是搭建模拟环境,并开展简单的网络扫描对抗活动。

1) 对抗准备

A 方设置靶机,开放多个网络服务,B 方设置攻击机。在第一轮对抗中,双方可置于同一局域网中。

2) 对抗过程

(1) A 方关闭防火墙。

(2) B 方利用网络扫描获取 A 方服务信息。

(3) A 方开启防火墙。

(4) B 方再次利用网络扫描获取 A 方服务信息。

3) 对抗得分

达到以下要求,对应方可获得积分:

(1) 环境配置正确。

(2) B 方在无防火墙情况下获取重要信息。

(3) A 方正确配置防火墙。

(4) B 方在有防火墙情况下获取重要信息。

以上各项的具体分值可由双方在对抗前商议确定。

10. 第二轮对抗

在第二轮对抗中,A 方引入蜜罐技术加强对网络扫描的防御,B 方需要识别出哪些服务是蜜罐。

1) 对抗准备

A 方将服务器放置在互联网上,B 方可远程访问 A 方服务器。A 方掌握 telnet、数据库等不同类型的蜜罐技术。在开启的 5 个服务中,将其中 3 个服务设置为蜜罐。B 方掌握蜜罐检测技术。

2) 对抗过程

(1) B 方对 A 方的服务进行扫描。

(2) B 方判断 A 方哪些服务是蜜罐。

3) 对抗得分

对抗得分由以下部分构成：

(1) A 方对蜜罐进行了正确设置。

(2) B 方判断蜜罐的正确率。

(3) B 方获得正常主机的重要信息。

以上各部分的具体分值可由双方在对抗前商议确定。第二轮的总分值应高于第一轮。

11. 第三轮对抗

在第三轮对抗中，双方应发挥创造性，查阅、学习和实践新的方法，努力在对抗中取胜。

1) 对抗准备

A 方将服务器应放置在互联网上，B 方可远程访问 A 方服务器。A 方应关闭服务商提供的网络扫描防护功能。

双方广泛查阅资料，学习并设计新的攻击和防御方法，使用新工具或编写程序为对抗作准备。

2) 对抗过程

(1) B 方开展一次网络扫描。

(2) A 方检查扫描并进行防御。

(3) B 方再开展一次网络扫描。

(4) A 方再次检查扫描并进行防御。

3) 对抗得分

对抗得分由以下部分构成：

(1) B 方第一次攻击成功。

(2) A 方第一次防御成功。

(3) B 方第二次攻击成功。

(4) A 方第二次防御成功。

以上各部分的具体分值可由双方在对抗前商议确定。第三轮的总分值应高于第二轮。

4.8　参考文献

[1] 大学霸 IT 达人，从实践中学习 Kali Linux 网络扫描[M]. 北京：机械工业出版社，2019：15-33.

[2] 吕尧. 基于多核的网络扫描研究与实现[D]. 西安：西安电子科技大学，2010.

[3] 李江灵. 计算机网络安全中漏洞扫描技术的研究[J]. 电脑编程技巧与维护，2021(06)：168-169.

[4] 裴志斌，李斌勇，王星程. IP 及端口扫描体系的逻辑处理设计[J]. 网络安全技术与应用，2017(10)：26-27+32.

[5] 贺星光. 网络安全扫描系统的设计与实现[D]. 哈尔滨：哈尔滨工业大学，2017.

思考题

1. 什么是网络扫描?它可以获取哪些信息?
2. 说明网络扫描技术按不同依据的分类结果。
3. 说明 IP 扫描和 ICMP 扫描的区别。
4. 列出并简要定义 TCP 扫描的分类。
5. 解释服务识别的四种主要方法。
6. 在哪些情况下无法通过端口号判断服务的类型?
7. 说明漏洞按不同依据的分类结果。
8. 漏洞扫描包括哪些类别?
9. 简要说明黑盒扫描和白盒扫描的适用场景。
10. 漏洞扫描时通常会检测系统配置的哪些内容?

第 5 章

拒绝服务攻击

CHAPTER 5

视频讲解

5.1 概述

拒绝服务(Denial of Service,DoS)攻击是一种使系统无法正常地向用户提供服务的攻击。攻击者对系统进行干扰或控制,导致系统崩溃或者无法提供足够的带宽、处理能力、存储空间等资源,使得系统提供的服务质量很差甚至完全停止,在正常用户看来系统好像拒绝为其提供服务一样。

近年来,拒绝服务攻击引起了人们的广泛关注。早期的拒绝服务攻击主要通过向受害者发送大量网络数据包实现。随着技术的演变,攻击手段变得越来越复杂,防御也变得越来越困难。拒绝服务攻击可以使受害者主机无法正常工作,从而造成直接的经济损失,还会降低公司信誉,造成间接经济损失,甚至直接威胁社会的正常运行、威胁公共安全。

攻击者发动拒绝服务攻击的一般目的是获得经济利益,此外还有一些其他目的。

1）获取经济利益

攻击者可能因为间接或者直接的经济利益而攻击特定的系统。假设存在两家相互竞争的互联网公司,用户通常愿意去服务质量更好的公司。若其中一家公司会向其竞争对手发动 DoS 攻击,从而降低了竞争对手的服务质量,则这家公司有可能获得对手流失的用户。另一类攻击利用 DoS 攻击对受害者进行勒索。例如,在 2004 年欧洲杯足球赛期间,发生了一起针对博彩公司的敲诈案件。攻击者宣称,若该公司不支付高额费用就会发动 DoS 攻击,使用户无法访问公司网站。

2）辅助网络攻击

拒绝服务攻击可以作为其他攻击的辅助手段。例如,攻击者仅用 DoS 攻击不能破坏系统的机密性和完整性,但 DoS 攻击可以作为间接手段使系统无法正常工作,从而降低系统的防御能力。攻击者然后结合其他攻击手段,就有可能达到非法访问或篡改信息的目的。

3）其他目的

与其他攻击技术相比,DoS 攻击的原理相对简单,可以利用工具开展大规模自动化攻击。因此一些技术不熟练的攻击者会利用 DoS 攻击达成各种目的,如练习网络攻击技术、向同伴炫耀、对他人进行报复。某些机构或组织可能出于宣传目的,利用 DoS 攻击对特定网络资源发起攻击。当发生军事冲突时,拒绝服务攻击可以使敌国的重要基础设施(如电力系统、金融系统)发生瘫痪,影响其政府职能和民众生活,进而威胁其国家安全与社会稳定。

视频讲解

5.2 拒绝服务攻击的分类

5.2.1 根据攻击原理分类

根据攻击原理的不同,拒绝服务攻击可分为基于流量的攻击和基于漏洞的攻击两大类别。

1. 基于流量的攻击

基于流量的攻击方式通过向受害者发送大量数据消耗其系统资源,导致系统不能回应合法用户的请求，因此无法提供正常服务。例如，UDP 洪水攻击就是通过发送大量的 UDP 报文占满受害者主机的带宽，导致受害者主机无法同其他主机通信。

2．基于漏洞的攻击

网络协议可能存在安全漏洞。基于漏洞的攻击利用网络协议中的缺陷，通过发送少量精心设计的报文触发漏洞，使受害者主机系统崩溃或资源耗尽，因此无法提供正常的服务。例如，在 Ping of Death 攻击中，攻击者向目标机器发送超长的 ICMP 报文，如果目标机存在漏洞，不知道如何处理此类报文，则可能引发操作系统崩溃。

5.2.2　根据攻击目标分类

根据攻击目标的不同，拒绝服务攻击可以分为 7 类：面向应用的攻击、面向操作系统的攻击、面向路由器的攻击、面向通信连接的攻击、面向链路的攻击、面向基础设施的攻击以及面向防火墙的攻击。

1．面向应用的攻击

攻击者利用某些方法耗尽应用的资源，使其无法提供正常的服务。例如，攻击者攻击 XML 分析器时，向其发送一个特别构造的小型 XML 文档，该文档可以扩张为一个很大的 XML 文档，从而导致 XML 分析器因内存资源耗尽而停止工作。

2．面向操作系统的攻击

面向操作系统的攻击与面向应用的攻击类似，攻击者通过某些方法来耗尽操作系统的资源，使其无法提供服务。例如，在 TCP 的 SYN 洪水攻击中，攻击者向受害者主机发送大量的 TCP SYN 请求，导致受害者主机一直处于半连接状态。过多的半连接可以耗尽操作系统的内存资源，从而使整个系统因内存不足而无法正常工作。

3．面向路由器的攻击

针对 IP 路由器的拒绝服务攻击一般利用路由协议进行攻击。这类攻击影响的往往不只是路由器，而是路由器所在的网络。例如用大量的路由信息使路由表过载，从而耗尽路由器的 CPU 和内存资源。当路由器停止响应时，整个网络都会受其影响。

4．面向通信连接的攻击

面向通信连接的拒绝服务攻击旨在中断或破坏网络通信。如果攻击者已知通信的发起方或接收方以及 TCP 信息，则可以发送伪装的报文使连接双方失去同步或者使 TCP 连接被重置，从而中断通信。

5．面向链路的攻击

面向链路的攻击旨在使网络链路无法正常传输数据。例如，向链路发送大量的 UDP 报文。由于 UDP 没有拥塞控制机制，该攻击可能造成链路拥塞。

6. 面向基础设施的攻击

网络应用的正常运行离不开网络基础设施的支撑。典型的互联网基础设施包括全球性的域名服务(DNS)和公钥基础设施(PKI)等。对网络基础设施的拒绝服务攻击可以造成网络服务的中断。例如,2002年,13个顶级域名服务器受到拒绝服务攻击,导致多个国家无法访问互联网。在局域网内,DHCP服务也是一种基础设施。如果攻击者耗尽了DHCP服务器的IP地址池,用户不能获得IP地址,则无法访问互联网。

7. 面向防火墙的攻击

作为一种保护内部网络的安全设备,防火墙也可能受到拒绝服务攻击。攻击者通过发送大量的流量,可以耗尽防火墙的带宽和CPU资源。对于状态防火墙,则可以利用过量的状态记录耗尽防火墙的内存资源。当防火墙资源不足时,一般会断开内部网络的对外连接,从而使内网中的主机无法访问外部网络,也无法对外提供服务。

5.2.3 根据网络协议层次分类

根据攻击目标的分类可被看作一种水平分类法,而根据网络层次对拒绝服务攻击进行分类则可被看作一种垂直分类法。TCP/IP协议族可以分为5层。理论上,攻击者可以在其中任何一层中发起拒绝服务攻击。这里介绍面向网络层、传输层和应用层的拒绝服务攻击。

1. 面向网络层的拒绝服务攻击

IP协议是网络层最重要的协议。IP是基于分组的无连接协议,存在一些安全缺陷。例如,许多拒绝服务攻击就是基于IP地址欺骗实施的。

在网络层的重要协议还包括ICMP和IGMP,其中,ICMP常常用于拒绝服务攻击。例如,在Ping洪水攻击中,攻击者以极高的速率向目标主机发送ICMP请求报文,从而占用其带宽或系统资源。在Smurf攻击中,攻击者向网络广播地址发送ICMP响应请求数据包,并将请求数据包的源地址篡改为受害者主机的IP地址,从而导致广播地址对应的所有主机向受害者发送ICMP应答数据包。

2. 面向传输层的拒绝服务攻击

互联网上的传输层协议主要是TCP和UDP。

TCP是面向连接的协议,在建立连接时需要三次握手过程。SYN洪水攻击就是利用三次握手过程开展的拒绝服务攻击。攻击者向受害者主机发送大量的TCP连接请求,让主机长时间处于TCP半连接状态,最终耗尽系统的内存资源。在Land攻击中,攻击者向受害者发送大量TCP连接请求,其中源地址和目的地址均设置为受害者主机的IP地址。受害者主机需要长期维持大量自己到自己的TCP连接,导致内存资源被无效占用。

UDP是无连接的传输层协议,没有拥塞避免机制。UDP洪水攻击正是基于该特点开展拒绝服务攻击。攻击者向受害者主机发送大量的UDP报文,从而造成受害者主机所在网络的拥塞。

3. 面向应用层的拒绝服务攻击

理论上,任何一种应用协议都可能成为拒绝服务攻击的目标。应用协议一般以客户端/服务器的方式工作,即客户端向服务器发送请求,服务器进行响应。因此攻击者可以利用多个客户端向服务器连续地发出服务请求。为了响应这些请求,服务器可能需要消耗大量的带宽、计算或内存资源,导致服务器无法向其他用户提供正常的服务。例如,用户向 FTP 服务器上传大量文件,或者利用 HTTP 同时下载多个视频文件,从而消耗服务器的全部带宽。典型的面向应用层拒绝服务攻击还包括 HTTP 慢速攻击、DNS 洪水攻击、邮件炸弹等。

5.2.4　根据攻击流量速率分类

1. 恒定速率攻击

恒定速率攻击在短时间内达到攻击速率的最大值并维护不变。当收到攻击命令后,被控制的主机立即以其可以发送的最大流量向受害者进攻,且在整个攻击过程中一直保持峰值流量。这种攻击可以在极短的时间内让受害者承受巨大的流量,从而失去服务能力。恒定速率攻击方式简单,但特征明显,容易被防火墙等安全设备检测出来。

2. 脉冲攻击

在脉冲攻击中,攻击主机周期性地向受害者发送攻击流量,但每次攻击持续时间很短,在发起下一次攻击之前会静默一段时间。脉冲攻击的瞬时攻击流量可以很大,但在一个攻击周期内的平均攻击速率并不高,因此又被称为低速率拒绝服务攻击,它相比恒定速率攻击更难被检测出来。脉冲攻击可以有效地利用 TCP 的拥塞控制机制。脉冲攻击在短时间内发送攻击流量,使链路瞬时产生拥塞,导致大量的 TCP 报文丢失,从而引发 TCP 的拥塞控制,主动降低网络的传输速率。如果周期性地持续攻击,就会严重地影响网络的服务质量。

3. 变速率攻击

变速率攻击在整个攻击过程中会调整其攻击速率,以保持较好的隐蔽性。例如,攻击者刚开始以较低的速率向受害者主机发出网络请求,然后逐渐增加攻击速率。由于初始速率不高,安全设备将其识别为正常,从而成功建立网络连接。攻击者还可采取更加智能的方式控制攻击流量,例如根据攻击目标的受害情况猜测其采取的防御措施,进而改进其攻击模式,以造成更严重的攻击伤害。因此变速率攻击具有较高的隐蔽性和灵活性。

5.2.5　根据攻击源分布模式分类

早期的 DoS 攻击采用一对一的攻击方式,攻击者控制单个主机向目标主机发起攻击。随着网络安全技术的发展,利用包过滤技术或 IP 封锁技术能有效地防范这种攻击。攻击者为实现其攻击目的,开始采用多对一的攻击方式,这种采用多个攻击源的方式又称为分布式拒绝服务(Distributed Denial of Service,DDoS)攻击。因此,按照攻击源的分布模式可以将攻击分为单源拒绝服务攻击和分布式拒绝服务攻击。

1. 单源拒绝服务攻击

单源拒绝服务攻击是指攻击报文是由单个主机产生的攻击方式。前文已经提到许多单源拒绝服务攻击的实例,例如基于漏洞的Land攻击,以及利用基于流量的UDP Flood攻击等。其中基于流量的拒绝服务攻击更为常见。早期的计算机系统在带宽大小、CPU频率和内存空间等方面性能不高,单源拒绝服务攻击已经能造成显著的攻击效果。随着计算机性能的快速提高,如今仅使用单源拒绝服务攻击已经很难消耗攻击目标的全部资源。且单源拒绝服务攻击容易暴露攻击者的源地址,进而被安全设备发现并禁用。因此,单源拒绝服务攻击的威胁已大大降低。如今,分布式拒绝服务攻击是更常见的攻击方式。

2. 分布式拒绝服务攻击

分布式拒绝服务攻击是指攻击报文是由多个主机产生的攻击方式。DoS和DDoS可以采用同一种攻击技术,它们的主要区别在于攻击源数量和攻击流量。DDoS对计算资源的占用远远超过一般的DoS攻击,它可以控制成千上万的主机同时开展拒绝服务攻击,这使得DDoS成为如今网络最大的威胁之一。在进行攻击之前,攻击者一般先利用主机漏洞控制网络中的大量主机,然后发送指令操纵这些主机同时向目标网络或主机发起DoS攻击。

与一般的DoS攻击相比,除了拥有更多的资源外,DDoS攻击也更加灵活。由于控制了多台主机,攻击者可在不同主机上采用不同的攻击方式。当受到特定类型的攻击时,受害者主机会对该类攻击着重防御,多种类型的攻击则增加了防御的难度。此外,攻击者可将攻击主机分成多组,在不同的时间段进行攻击,从而提高隐蔽性。

5.2.6 根据攻击技术分类

在拒绝服务攻击中,攻击者希望以较小的成本取得较好的攻击效果,并尽量隐藏攻击主机的IP地址。除了IP地址欺骗外,攻击还会使用其他攻击技术增强攻击强度。根据采用的攻击技术,拒绝服务攻击可分为以下三类。

1. IP源地址欺骗

攻击者在对受害主机发起攻击时,可以修改数据报文里的源IP地址,造成数据包是从另一台主机发来的假象,这就是IP源地址欺骗技术。因为一旦IP地址暴露,安全设备就会禁用IP,使拒绝服务攻击失效。一般情况下,攻击者只是为了占用连接资源而不需要接收回复的信息,因此攻击者会修改攻击数据包的源IP地址,从而用虚假的IP地址发动拒绝服务攻击。

2. 反射攻击

反射攻击是指攻击者开展攻击时不直接将攻击报文发送给受害主机,而是发送给中间主机,该主机又称为反射器。图5.1所示为反射攻击的原理。攻击者通常将攻击报文的源地址修改为受害主机的IP地址。当反射器收到攻击报文后如果向源地址发送消息,则受害主机将收到大量数据包,从而影响其正常工作。理论上,任何对接收到的消息作出响应的主机都可以作为反射器,如常见的DNS服务器、Web服务器等。攻击者发动反射攻击消耗的自身资源较少。

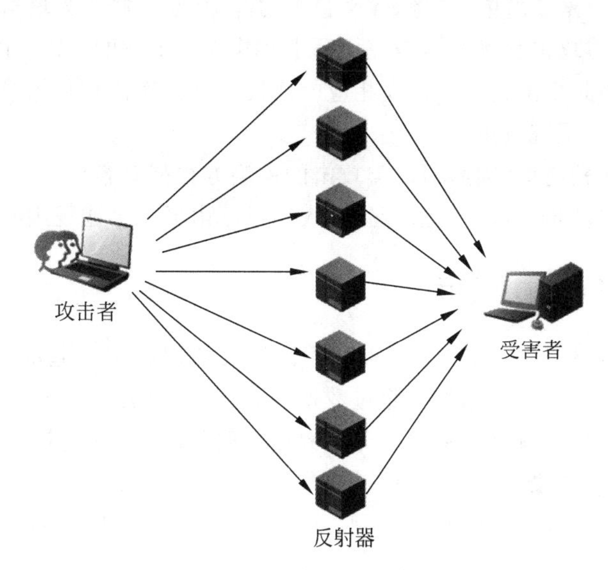

图 5.1　反射攻击示意图

Smurf 攻击是一种典型的反射攻击。攻击者向网络广播地址发送 ICMP 响应请求，并将请求数据包的源地址篡改为受害者地址，从而导致广播地址对应的所有主机向受害者发送 ICMP 应答包。

有的反射攻击不需要篡改源地址，例如 HTTP 代理攻击。Web 服务器在响应动态页面请求时，通常需要频繁地访问数据库，从服务器响应时间较长。而 HTTP 代理攻击就是利用这一特点。攻击者利用代理服务器向 Web 服务器发出请求，使其频繁地访问动态页面。Web 服务器将大量的计算资源用于响应这些恶意的动态页面请求，因此无法为正常用户提供服务。

3. 放大攻击

放大攻击是指攻击者利用一些服务放大对目标主机的攻击流量。例如前文所提到的 ICMP Smurf 攻击中，攻击者向网络广播地址发送 ICMP 响应请求。假设广播地址对应的网络包含 n 台主机，这 n 台主机在接收这些数据包后都作出回复，则攻击者发出一次请求将产生 n 个响应报文，因此攻击被放大了 n 倍。

除了利用网络广播的方式外，还可利用其他方式放大攻击流量。例如，在利用 DNS 服务器发动反射攻击的方式中，假设 DNS 请求消息的长度为 40 字节，响应消息则可能达到 4000 字节的长度，利用这一方式放大了 100 倍，从而轻易地使目标主机瘫痪。

5.3　典型的拒绝服务攻击

本节介绍五种典型的拒绝服务攻击。

5.3.1　Land 攻击

Land 攻击是一种利用了 TCP 漏洞的攻击手段，主要针对建立 TCP 连接的三次握手过程。Land 攻击的原理比较简单,它将 SYN 包中的源 IP 地址修改为攻击目标的 IP 地址,并发送给攻击目标,使得攻击目标与自身完成握手并建立一个空的 TCP 连接。早期的系统不会检测源 IP 地址,因此攻击目标会建立相应的连接并维持连接直到超时释放。当这类连接数目过多时,就会耗尽系统资源。

由于攻击原理比较简单,因此对此类攻击的检测方法相对容易。只需要过滤掉源 IP 和目的 IP 相同的数据包即可,可以通过配置防火墙或路由器包过滤规则有效防御。

5.3.2　Teardrop 攻击

Teardrop 攻击又称碎片攻击,是一种利用网络层协议漏洞发起的拒绝服务攻击,通过发送畸形报文实现。当数据包的长度超过数据链路层规定的最大长度时,就需要对数据包进行分片传输。如果攻击者恶意篡改了分片数据的偏移地址,当攻击目标接收到数据包后,由于无法正常解析出数据包内容,可能导致系统崩溃。已发现 Teardrop 攻击对早期 Windows 操作系统(如 Windows 95、Windows 98、Windows 3.1 等)和低版本的 Linux 系统有效。

图 5.2 为 Teardrop 攻击的示意图。对于一个 150 字节的原始 IP 数据包(如图 5.2(a)),假设接收方主机先收到一个 120 字节的分片数据包,并知道这是第一个分片数据包,然后接收到一个偏移地址为 120、长度为 30 字节的分片数据包,并知道这是最后一个分片数据包,此时接收方系统能够按照偏移地址正确重组数据包(如图 5.2(b))。但是,如果攻击者将第二个数据包的偏移地址修改为 80,那么接收方就会将 80+30=110 作为总长度,从而导致数据产生重叠和丢失(如图 5.2(c))。由于早期的操作系统不能正确处理这一意外情况,就会导致系统因出现异常而崩溃。

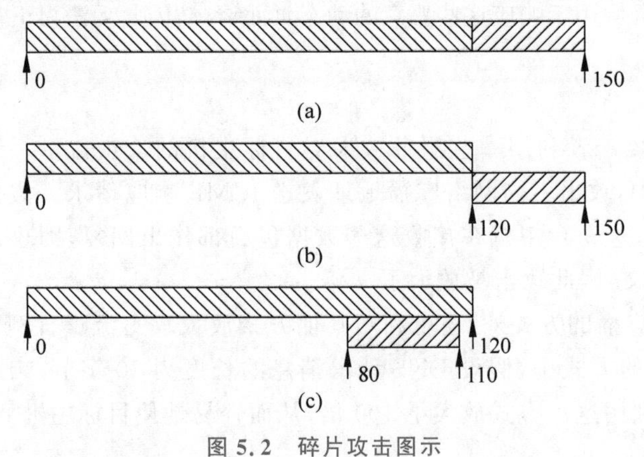

图 5.2　碎片攻击图示

5.3.3　Ping of Death 攻击

Ping of Death 攻击是一种利用 ICMP 的漏洞开展的拒绝服务攻击。ICMP 规定数据包长度不能超过 65 507 字节。当长度超过此上限时,接收方主机的操作系统可能出现内存分配错误的问题,并导致主机崩溃。

TCP/IP 规定,IP 数据包的长度不超过 65 535 字节,除去固定长度 20 字节的 IP 头,IP

数据包的数据段长度最高不得超过 65 515 字节。由于 ICMP 包是封装在 IP 数据包中的，除去 8 字节的 ICMP 包首部，一个 ICMP 包最多可以传输 65 507 字节的数据。这个长度超过了数据链路层规定的最大长度，因此会进行分片传输。当接收方收到的分片数据进行重组时，如果传输的数据长度过大，重组后的 IP 数据包大小超过了预先设置的 65 535 字节的缓冲区大小，就会引发系统崩溃。

5.3.4　洪水型拒绝服务攻击

洪水型拒绝服务攻击，它不依赖于协议设计中的漏洞，而是通过发送大量数据占用受害者的资源，因此洪水型拒绝服务攻击是基于流量的攻击。因特网的特点及缺陷为洪水型拒绝服务攻击的实施提供了便利。首先，因特网采用包交换机制，不同用户共享公共传输信道，当公共资源被占用时，正常用户的服务就会受到影响。洪水型攻击正是通过大量占用公共资源来妨碍正常用户的服务。其次，TCP/IP 缺少 IP 地址认证机制，数据包中 IP 地址的真实性无法保证。因此攻击者可以使用伪造的 IP 地址发动拒绝服务攻击。最后，因特网上存在大量不安全的系统，攻击者可以控制这些系统发动洪水型攻击。常见的洪水型攻击方式有 SYN 洪水攻击、UDP 洪水攻击、Ping 洪水攻击、HTTP 洪水攻击以及针对电子邮件系统的拒绝服务攻击等。

下面以 SYN 洪水攻击为例进行介绍。在建立 TCP 连接的三次握手过程中(如图 5.3 所示)，客户端首先向服务器发送 SYN 包，服务器收到后向客户端发出 SYN ACK 包，并等待客户端返回的 ACK 包。此时，服务器处于监听状态(又称为半连接状态)，它将保持此状态直到接收到 ACK 包或者等待超时。不同系统的超时参数不同，一般为几十秒，也可能长达十几分钟。

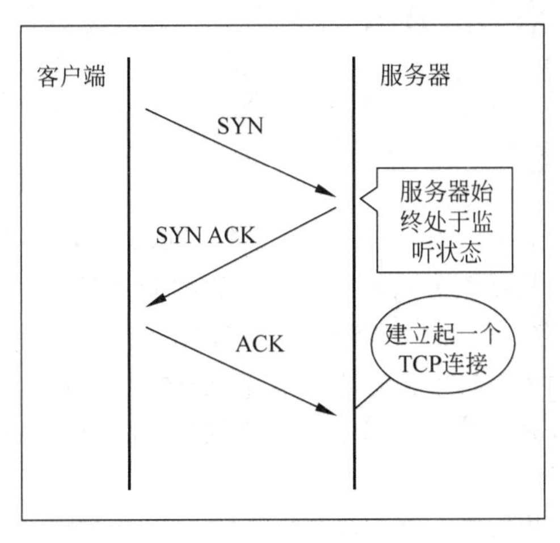

图 5.3　建立 TCP 连接的三次握手过程

在 SYN 攻击中，攻击者不会对 SYN ACK 消息进行响应。因此服务器将一直保持半连接状态。在此状态下，服务器需要维护一个半开连接栈，用于保存与连接相关的信息。如果半开连接栈维持的连接数量没有限制，则攻击者不断发出的 SYN 请求将耗尽系统的内存资源。如果系统对连接数据有限制，则超过上限值后，系统不再接受正常用户的 TCP 连接请求。在两种情况下都会造成系统拒绝服务。

5.3.5 Smurf 攻击

Smurf 是以最初发动该攻击的程序命名的。图 5.4 所示为 Smurf 攻击的原理。攻击者向网络广播地址发送 ICMP 响应请求数据包,并将请求数据包的源地址篡改为受害者主机的 IP 地址。当广播地址对应网络中的主机收到响应请求数据包时,会向数据包的源地址即受害者主机发出响应数据包。因此受害者主机会在短时间内接收到大量数据包,从而导致系统异常。

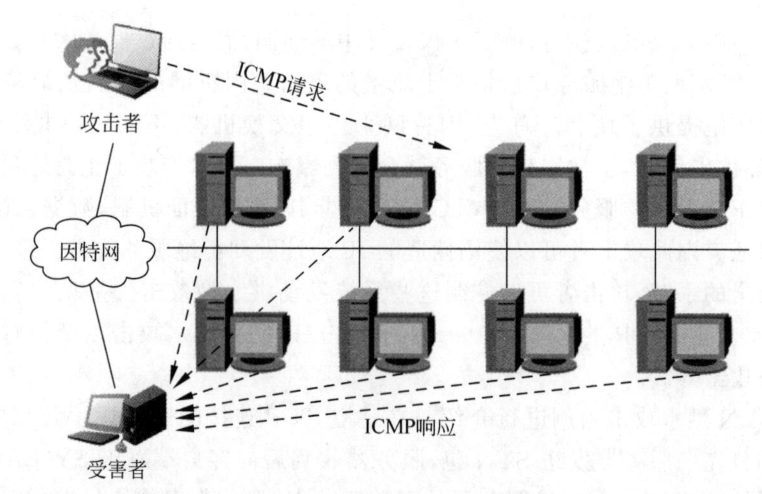

图 5.4 Smurf 攻击示意图

5.4 僵尸网络与 DDoS 攻击

5.4.1 基本概念

DDoS(Distributed Denial of Service,分布式拒绝服务)攻击是指利用分布在网络各处的大量主机对目标发起的拒绝服务攻击。相比一般的 DoS 攻击,参与 DDoS 攻击的主机数量更庞大,物理位置更分散。攻击者一般利用僵尸网络实施 DDoS 攻击。

僵尸网络是通过在大量主机中植入恶意程序,进而形成的一个受攻击者控制的计算机网络。由于僵尸网络具有充足的带宽和系统资源,攻击者可利用僵尸网络开展多种破坏行为,特别是 DDoS 攻击。

图 5.5 所示为利用僵尸网络开展 DDoS 攻击的一个示意图,涉及以下四种角色。

(1) 攻击者:攻击者是发起 DDoS 攻击的主体。在发动攻击前,攻击者首先在大量计算机中植入僵尸程序以获得对这些计算机的控制权。

(2) 僵尸网络控制器:僵尸网络控制器即命令和控制(Command & Control)服务器,它是僵尸网络实现控制和通信的中心服务器,用于向僵尸主机发送命令,或者接收来自僵尸主机的消息。

(3) 僵尸主机:当一台主机被植入了僵尸程序后,它就成为僵尸网络的一个节点,即僵尸主机。僵尸主机是向受害者开展实质性攻击的主机。

(4) 受害者：受害者是 DDoS 攻击的目标主机。如果受害者主机受到来自大量僵尸主机的拒绝服务攻击，则可能无法正常工作。

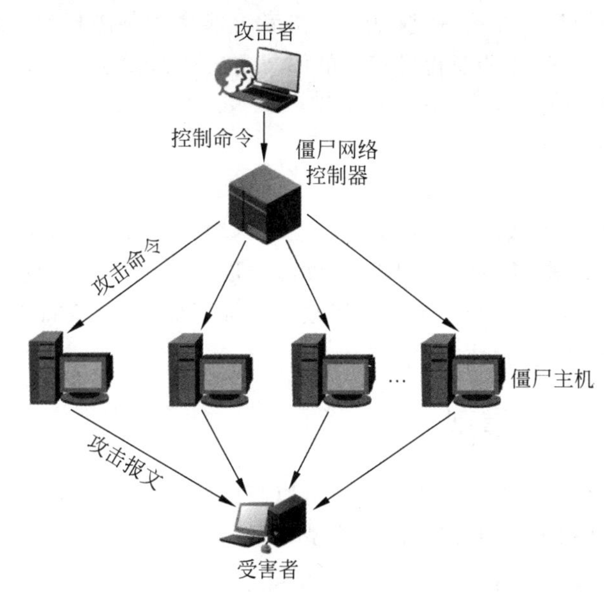

图 5.5　利用僵尸网络开展 DDoS 攻击的示意图

5.4.2　利用僵尸网络发动 DDoS 攻击的一般过程

利用僵尸网络发动 DDoS 攻击的过程一般可分为信息搜集、感染目标主机和实施攻击三个阶段。

1. 信息搜集

信息搜集阶段的主要目标是给出一个可供感染的主机列表。这些主机通常存在特定的安全漏洞，攻击者利用这些漏洞可以植入僵尸程序。攻击者也可能搜集关于主机更详细的信息，如主机名、IP 地址、主机所在网络的带宽和拓扑结构以及主机用户的个人信息等。利用网络扫描技术可以发现潜在的目标主机及其信息，利用漏洞扫描技术则可以发现主机的安全漏洞。关于网络扫描和漏洞扫描更详细的介绍请参见第 3 章。

2. 感染目标主机

为了构建僵尸网络，需要在大量目标主机中植入僵尸程序，使它们成为僵尸主机。僵尸程序包括两个主要功能，一是接受控制器的指令，二是对受害者发动攻击。但是僵尸程序通常不具备自我传播的能力，需要借助其他方式感染目标主机。一种典型的方式是利用蠕虫，它是一种可以独立运行的计算机程序，能够通过网络快速感染其他主机(关于蠕虫更详细的介绍可参见 8.1 节)。其他可能的感染方式还包括计算机病毒、系统漏洞利用、移动代码、口令猜测等。实施这些感染方式可能需要第一阶段搜集到的各种信息。当一台主机被植入僵尸程序后，该主机就被感染。此时，它可以接收攻击者的命令并成为感染更多主机的一个源头。

当一部分主机被感染后,攻击者可以利用已感染的主机更高效地寻找潜在的僵尸主机。例如,扫描已感染主机局域网中的其他主机,或者扫描已感染主机通信列表中主机。刚开始或许只有少数主机被感染,但是被感染的主机数可能会快速增加,当足够多的主机被感染,就完成了僵尸网络的构建。在这一过程中,攻击者可能会控制主机感染的速度。如果感染速度太慢,则需要很长时间才能获得足够多的僵尸主机;如果感染速度太快,又容易引起安全管理人员的注意,导致僵尸网络被过早发现。

3. 实施攻击

僵尸网络构建完成后,攻击者可向分布在互联网中的大量僵尸主机发布命令,让它们同时向受害者发起 DoS 攻击,从而实现 DDoS 攻击。攻击者也可以设定触发时间,让僵尸主机在特定的时间开展攻击。若攻击者改变了攻击目标,只需发布新的命令,而不需要重新构建僵尸网络。

5.4.3 僵尸网络模型

根据僵尸网络采用的工作机制的不同,可以将僵尸网络模型划分为 IRC 僵尸网络模型、P2P 僵尸网络模型和 HTTP 僵尸网络模型。

1. IRC 僵尸网络模型

IRC(Internet Relay Chat,因特网中继聊天)是一个互联网应用层协议,对应标准为 RFC 1459。该协议可实现在互联网上进行实时通信。例如,常见的聊天室功能可基于 IRC 协议实现。IRC 协议采用客户机/服务器模式工作,基于 TCP,默认端口号为 6667。频道(channel)是 IRC 的一个重要概念,它代表一个或多个客户端的集合。当第一个客户端加入频道时,频道自动创建,当最后一个客户端离开信道时,频道停止使用。用户可在 IRC 服务器上创建和加入感兴趣的频道,将消息发送给频道内的所有用户。IRC 也支持一对一通信,即一个用户将消息发送给另一个特定的用户。

IRC 的另一个特点是允许多个服务器进行消息中继传递。假设多台 IRC 服务器有不同的 IP 地址,但共享同一个域名,则这些 IRC 服务器构成 IRC 网络。当两个客户端连接到 IRC 网络中不同的服务器时,它们可通过 IRC 网络中服务器之间的消息中继进行通信。

IRC 协议的这些特点客观上为攻击者构造僵尸网络提供了便利。攻击者可利用动态域名服务将域名映射到其所控制的多台 IRC 服务器上,从而组成一个 IRC 网络。即使某台服务器被摧毁后,网络中的其他 IRC 服务器仍能正常工作,从而避免整个僵尸网络瘫痪。图 5.6 所示为基于 IRC 协议的僵尸网络的例子。

攻击者使用 IRC 协议构建僵尸网络的典型过程如下。

(1) 攻击者在多台主机上植入僵尸程序,使其成为僵尸主机;

(2) 攻击者组建 IRC 服务器网络;

(3) 僵尸主机以随机产生的用户名在 IRC 服务器上注册;

(4) 僵尸主机加入攻击者控制的 IRC 频道;

(5) 僵尸主机监听攻击者发出的消息;

(6) 攻击者利用 IRC 频道向僵尸程序发出攻击指令。

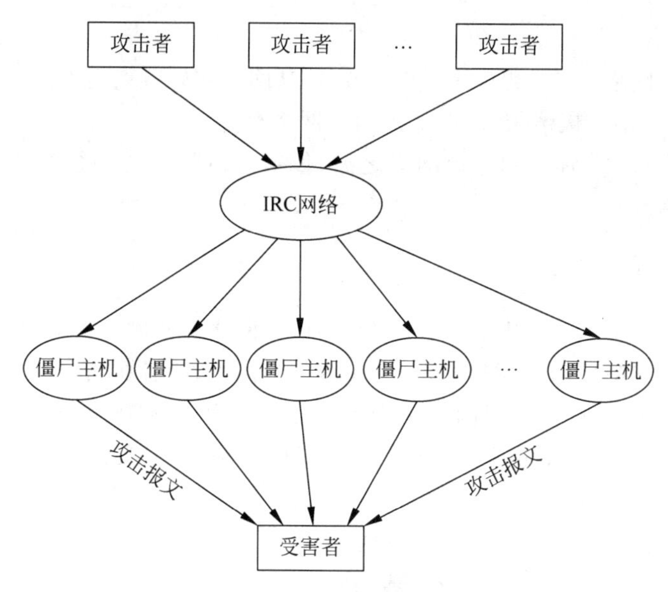

图 5.6　基于 IRC 协议的僵尸网络模型

2. P2P 僵尸网络模型

P2P 网络(Peer-to-peer networking,点对点网络/对等网络)是一种网络组织形式。P2P 网络中的各台计算机拥有相同的网络功能,在地位上没有主从之分。在 P2P 网络中,用户可以不通过中间服务器而直接与其他主机相连,使用户可方便地实现信息交流和各种信息资源的共享。

P2P 僵尸网络是指在网络中按照 P2P 通信方式进行组织的僵尸网络。由于 IRC 僵尸网络是一种集中式网络,当全部 IRC 服务器被摧毁后,攻击者不能利用僵尸主机发动攻击,而 P2P 僵尸网络的分布性则使它具有更强的存活能力。图 5.7 所示为一个基于 P2P 的僵尸网络的例子,其中每一个僵尸节点既担任控制器的角色,也可以发起实质的攻击。

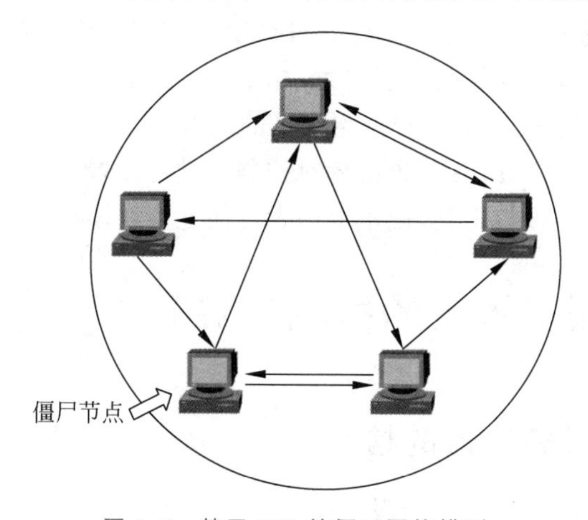

图 5.7　基于 P2P 的僵尸网络模型

P2P 僵尸网络的典型工作流程包括三个阶段。

(1) 招募僵尸成员：攻击者网络上查找存在安全漏洞的主机,向其植入僵尸程序,使其感染为僵尸主机。

(2) 加入僵尸网络：僵尸程序中包含一个 P2P 网络初始节点列表。僵尸主机被感染之后，会向这些节点发出连接请求，从而加入僵尸网络中。

(3) 接收攻击指令：加入到僵尸网络之后，僵尸节点将等待并接收攻击者通过僵尸网络发送的攻击命令。

3. HTTP 僵尸网络模型

随着 Web 应用的广泛使用，基于 HTTP 的僵尸网络开始成为最常见的僵尸网络之一。HTTP 僵尸网络与 IRC 僵尸网络均属于集中式僵尸网络，两者在结构和功能方面有许多相似之处。不同之处在于 IRC 僵尸网络采用 IRC 服务器作为控制器，而 HTTP 僵尸网络采用 Web 服务器作为控制器，如图 5.8 所示。僵尸网络利用 HTTP 实现控制器与僵尸主机的通信和控制功能。

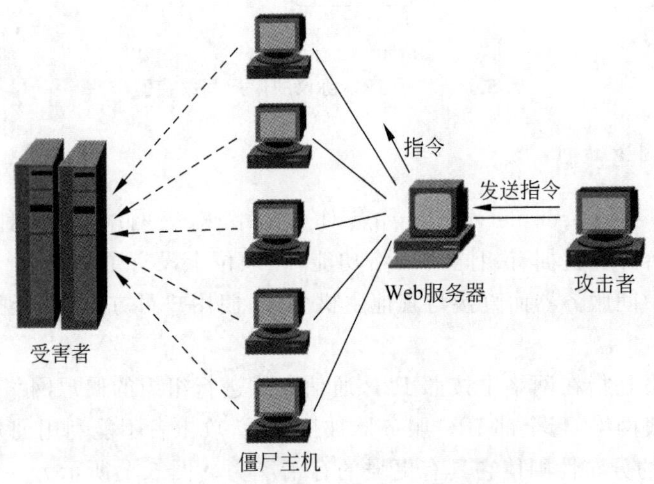

图 5.8 基于 HTTP 的僵尸网络模型

与基于 IRC 协议的僵尸网络相比，基于 HTTP 的僵尸网络具有以下优势：

(1) Web 服务是最常见的互联网服务之一，利用 HTTP 进行通信有较好的隐蔽性，使安全设备难以发现和过滤 HTTP 僵尸网络发动的攻击。

(2) Web 服务器接口友好，便于攻击者对控制器进行配置。

(3) Web 具有丰富的报告工具，便于攻击者方便地了解僵尸网络的情况。

5.5 拒绝服务攻击的检测与防御

5.5.1 拒绝服务攻击的检测

拒绝服务攻击的检测是对抗拒绝服务攻击中的一个重要环节。如果能够较早检测出拒绝服务攻击，而不是等到受害者系统无法工作时才发现攻击，系统用户会获得更多益处。例如，受害者可以提前部署防御措施以减缓攻击的危害，或者提醒其用户对其数据资产进行保护。

根据拒绝服务攻击检测的位置，可以将拒绝服务攻击检测分为目的端检测，源端检测和中间网络检测。本小节介绍在受害者位置上开展的检测，即目的端检测，包括主机异常现象检测和伪造数据包检测。

1. 主机异常现象检测

若主机出现以下异常现象，说明有可能发生了拒绝服务攻击。

现象 1：网络通信流量超过其正常范围，特别地，某一特定源地址的通信流量显著超过平时的统计值。

现象 2：网络通信中出现特别大的 UDP 和 ICMP 包。UDP 载荷一般不超过 10 字节，ICMP 消息一般不超过 128 字节，过大的数据包说明很可能出现拒绝服务攻击。

现象 3：数据包载荷没有空格、标点符号和换行符等文本信息中常见的字符，只存在数字和字母等字符。例如，由 BASE64 编码生成的字段带有上述特征。

现象 4：数据包内字段出现大量二进制数据流。这种情况可能是正常用户在传输二进制文件，也可能是攻击者在传输加密数据流。

现象 5：出现大量 ICMP 目标不可达信息，即接收到的数据包其目的地址无主机或主机没有活动。

现象 6：出现大量 SYN 包，但 SYN 包与 ACK 包的数量差距很大。例如，当主机受到 SYN 洪水攻击时，主机可能收到大量的 SYN 包，但收到的 ACK 包数量却很少，如图 5.9 所示。

```
C:\netstat -n - TCP
Activate Connections
Proto   Local Address      Foreign Address        State
TCP     10.170.0.120:10    127.160.7.110:203      SYN_RECV
TCP     10.170.0.120:10    243.12.204.155:2206    SYN_RECV
TCP     10.170.0.120:10    235.116.17.22:3980     SYN_RECV
TCP     10.170.0.120:10    220.200.90.43:4402     SYN_RECV
TCP     10.170.0.120:10    126.20.7.25:52         SYN_RECV
TCP     10.170.0.120:10    238.115.7.18:29        SYN_RECV
TCP     10.170.0.120:10    117.100.7.69:22        SYN_RECV
TCP     10.170.0.120:10    225.10.7.226:75        SYN_RECV
```

图 5.9　受到 SYN 攻击时主机的连接状态

2. 伪造数据包检测

在 DoS 攻击中，攻击者可能使用伪造的数据包，即发送虚假 IP 地址的数据包。这里列出一些常用的伪造数据包检测方法，分为主动检测和被动检测两类。

1）主动检测方法

基于主机的主动检测是一种向接收到的数据包的源 IP 地址主动发出探测数据包，以判断 IP 地址是否被伪造的检测方法，包括利用 TTL（Time To Live，生存时间）值检测、利用 IP 识别号探测，以及利用 TCP 检测等方法。

（1）利用 TTL 值检测。

根据 IP 协议，每经过一个网段，数据包的 TTL 值会减 1，因此到达目标节点时数据包的 TTL 值与其初始 TTL 值之间的差正好等于数据包经过的跳数（即网段数）。一般而言，在两个节点间传输数据包时经过的路径是相对稳定的,因此数据包从源节点到目标节点经过的跳数应基本不变。对于同一种网络协议(如 ICMP、UDP 或 TCP),发送者的初始 TTL 值是相同的,因此到达目标节点时数据包的 TTL 值也应基本不变。基于这一原理,当收到一个数据包后,接收者可记录其 TTL 值,然后向数据包的源地址发送相同协议的测试数据包,若其返回的数据包的 TTL 值与记录的 TTL 值相差较大,则发送者的 IP 地址可能是伪造的。

如果攻击者到接收者的跳数与伪造地址到接收者的跳数相同,或者攻击者知道伪造地址到接收者的跳数并据此修改数据包的初始 TTL 值,则该方法不能检测出伪造的地址。

(2) 利用 IP 识别号检测。

通常,一个系统发送的数据包的识别号(identifier number)是按规律递增的。大多数操作系统设置的识别号等于上一个数据包识别号加 1。基于这一原理,当收到一个数据包后,接收者可记录其识别号,然后向该数据包的源地址发送一个探测数据包,若返回的数据包的识别号比记录的识别号小,或者两者的差值较大,则该数据包的地址可能是伪造的。如果数据包发送者通信繁忙,则该探测包应及早发出。否则发送者可能与第三方主机发生大量通信,使返回数据包的识别号与记录的识别号有较大差值,从而导致误判。

(3) 利用 TCP 检测。

前面两种方法利用 IP 协议的字段进行伪造检测,还有一些方法利用 TCP 检测伪造数据包。TCP 具有的数据重传和流量控制机制可用于这一目的。TCP 的数据重传机制是指在发送 TCP 数据包之后,若长时间内未收到确认消息,则对该数据包进行重传。TCP 的流量控制机制是指接收方可要求发送方调整其发送速度。

数据接收方通过 ACK 数据包中的确认号向发送方确认目前已收到的数据包。如果该确认号不在发送方所期望的确认号区间内,则发送方将发送一个确认号为最小期望值的数据包以重新建立同步。根据这一原理,主机可以向源 IP 地址发送一个确认号小于最小期望值的 ACK 探测数据包。正常情况下,源 IP 地址应回复一个 ACK 包以重新建立同步,否则判定该 IP 地址是攻击者伪造的。

在 TCP 连接过程中,接收方会通知发送方自己的接收窗口大小,发送方根据窗口大小调整数据包的发送速率。因此,主机可将接收窗口大小设置得很小,若收到了超过接收窗口大小的数据包,则认为收到的数据包是伪造的。特别地,可以将窗口大小设置为 0,若发送方发送的数据包带有数据载荷,则可判定发送方的数组包是伪造的。

2) 被动检测方法

主动检测方法需要主机向发送者主动发送检测数据包,并等待返回数据包以进行检测,因此主动检测法需要耗费主机较多资源。被动检测法只需要对接收到的数据包进行分析,若发现异常,则认为数据包伪造的。常见方法有基于 TTL 的被动检测和基于操作系统特征的被动检测。

(1) 基于 TTL 的被动检测。

如前所述,对主机而言,来自同一 IP 地址的数据包的 TTL 值相对稳定。事实上,来自同一子网的数据包,其 TTL 值也应相对稳定。因此,可以将收到的数据包的 TTL 值同来自同一子网的历史数据包的 TTL 值进行比较。如果接收到的数据包 TTL 值与历史数据包的 TTL 平均值相比,误差超过一个合理的范围,则认为该数据包是伪造数据包。

(2) 基于操作系统特征的被动检测。

不同操作系统实现 TCP/IP 时对于某些参数值的设置上有一些微小的差别,如 TCP 中的初始窗口的大小,这些参数可以看作操作系统在网络通信中表现出的部分特征。另一方面,同一 IP 地址采用的操作系统则相对稳定,因此可观察接收到的数据包反映出的操作系统特征,是否与同一 IP 地址过去的操作系统特征相同。如果不同,则可能是伪造数据包。

5.5.2 拒绝服务攻击的防御

DoS 攻击特别是 DDoS 攻击,通常利用分布网络中的大量主机向受害者发起攻击。攻击流量从攻击者或僵尸主机出发,经过中间网络,最终到达受害者的主机或所在的网络。将数据的发送位置称为源端,数据在传输过程中经过的路径称为中间网络,数据的接收位置称为目的端。当攻击者直接发送攻击数据时,源端包含攻击者本机和攻击者所在的网络;当攻击者利用其他的僵尸主机发送攻击数据时,源端包含僵尸主机及其所在的网络。如果攻击者针对受害者的主机,目的端指受害者主机及其所在的网络;如果攻击者的目标是受害者的带宽,则目的端指受害者所在的网络。

DoS 攻击的防御是极具挑战性的任务。目前并没有一劳永逸的防御方法可以应对 DoS 攻击,特别是高强度的 DDoS 攻击。但是防御者仍然可以利用监控、溯源、过滤、控制等多种措施发现并限制攻击造成的危害。这些措施可以在发起攻击的源端、中间网络或目的端进行。在不同位置进行防御具有不同的优缺点。在目的端更容易检测到 DoS 攻击,因为目的端能够观察到所有的攻击,而且作为受害者,目的端愿意尽最大努力防御 DoS 攻击。但是当目的端检测到攻击时,大量网络资源可能已被浪费,甚至目的端可能已经失去正常服务的能力。在尽量接近攻击者的源端阻断攻击似乎是更好的方法,可以缓解攻击造成的网络资源浪费。然而,源端的攻击流量往往分散在各地,不容易观察到明显的模式,而且源端不是防御的直接受益者,防御 DoS 攻击的意愿没有目的端强烈。中间网络防御的优缺点则介于这二者之间。因此理想的方案是构建一个纵深的防御体系,在源端、中间网络和目的端三个位置均实施 DoS 防御。

1. 目的端防御

目的端防御包含对受害者的主机、受害者所在的网络开展的防御措施,有时也需要受害者的网络服务商提供协助。拒绝服务攻击的目的端防御包括增强主机容忍性、提高网络与主机的安全性、入口过滤和 IP 追踪技术等方法。

1) 增强容忍性

增强容忍性旨在提高被攻击者承受攻击的能力。这是一种简单有效的防御方式,也是使用最广泛的目的端防御方法之一。对于轻量级的 DoS 攻击,该方法对服务的影响较小。下面介绍一些增强容忍性的方法。

(1) 增加资源。这是比较直接的解决方案。若拒绝服务攻击使主机的资源不够时,可以增加相应的带宽、计算和存储资源。该方法需要增加运营成本。

(2) 使用代理服务器。该方法避免客户端与主机直接通信,而是使用一台代理服务器作为客户端与主机之间的中介,即客户端与代理服务器直接通信,代理服务器与主机通信。

由于代理服务器可以为拒绝服务攻击进行特殊的设置,因此有可能缓解主机面临的压力。

(3) 随机释放连接。对于面向连接的服务,当连接数达到上限时,系统无法建立新的网络连接,因此不能响应新的服务请求。此时系统可随机释放一部分正在建立或已经建立的连接,以便响应新的服务请求。该方法是以牺牲服务质量为代价实现的,因为它可能中断正常用户的连接。例如,SYN 洪水攻击会快速填满半开连接栈,导致新的 TCP 连接请求失败。此时系统可随机选择一部分半开连接,释放其占用的资源,使系统恢复一部分资源以响应新的 TCP 连接请求。在这一过程中,一些正常用户的连接请求可能无法得到响应,但至少有机会响应新的 TCP 连接请求。

(4) 推迟提供资源。该方法仅当确认对方不是攻击者时才提供资源。例如,对于 SYN 洪水攻击,SYN Cookie 技术就采用了这一思路。当主机接收到一个 SYN 包时,SYN Cookie 并不立刻为其分配内存空间,而是计算一个 cookie 值,并将发给对方的 SYN/ACK 数据包的序列号设置为此 cookie 值。仅当对方响应的 ACK 数据包的序列号等于此 cookie 值+1 时,才为此 TCP 连接分配资源。另一个例子是 Web 服务器在用户通过验证码识别后,才检查其登录密码是否正确,从而节省了主机的计算资源。

2) 提高安全性

除了增强被攻击者的容忍性,还可以通过提高网络或者主机的安全性以防御拒绝服务攻击。

(1) 流量控制。流量控制是提高网络或主机安全性的一种简单有效的方法。对于一些容易受到攻击者利用的网络协议(如 ICMP 协议),可以制定特别的流量控制规则。即使这些协议被攻击者利用,其占用的网络带宽不会超过预先设置的上限,对整个网络的威胁是有限的。流量控制可在网络的边界设备如防火墙、网关等处实施。

(2) 关闭不需要的服务。系统运行时,对外提供的服务可包含潜在的安全漏洞。开放的服务越多,受到的威胁也越多。关闭不需要的服务和端口可以使系统保持更加安全的状态。

(3) 实行严格的补丁管理。系统管理者应关注系统漏洞的发布情况,及时为系统打好补丁。

(4) 安全测试与加固。对系统进行主动的漏洞扫描和安全测试。利用测试中发现的问题修补系统漏洞,改进防御措施和工具。通过防火墙、入侵检测系统等安全设施加固系统安全。

(5) 恶意程序检测。僵尸程序、蠕虫、木马、病毒是拒绝服务攻击常用的恶意程序,通过检测恶意程序可以有效地减少拒绝服务攻击。

3) 入口过滤

入口过滤是指当数据包进入网络时对其进行检查,如果数据包不满足安全要求,则禁止其进入。入口过滤一般通过防火墙实现。有的路由器也可以实现部分的入口过滤功能。以下介绍几个常见的入口过滤方法。

(1) 端口与协议过滤。对于不再使用的服务和一些容易被拒绝服务攻击者利用的协议进行限制和禁止,可以有效降低被 DoS 攻击利用的风险。

(2) 静态地址过滤。地址过滤是指禁止包含特殊 IP 地址的数据包进入网络。例如不应该出现在互联网上的私网地址、保留的 IP 地址、由外部网络发出但却属于内部网络的 IP

地址等。有的攻击数据包直接向内部网络的广播地址发出,根据需要也可以禁止这类数据包进入网络。

(3) 自适应地址过滤。该方法并不事先设定被禁止入网的IP地址,而是学习一个模型以生成过滤规则。该模型根据以往的通信记录构建,可以计算一个给定地址为正常IP地址的概率。例如,以适当频率出现在历史访问记录中的IP地址一般是正常的。当目的端疑似遭受DoS攻击、面临较大流量压力时,根据该模型可以得出总体丢包率最低时的过滤规则,并在防火墙等设备上实施此规则,以禁止最有可能为攻击流量的数据包进入网络。与随机地阻止数据包进入网络相比,该方法能更好地保证正常用户的服务质量。

4) IP追踪技术

在DoS攻击中,攻击者常利用僵尸网络发送伪造IP地址的攻击数据包。IP追踪技术旨在找出这些数据包的真实源地址。常见的IP追踪技术包括链路检测法、包标记法、路由日志法和ICMP追踪法等。

(1) 链路测试法。

链路测试法(Link Testing)通过检查潜在的网络链路发现攻击链路,然后重复此过程逐级回溯到离攻击者最近的路由器。常用的链路测试机制有输入调试法和受控洪泛法。

输入调试法(Input Debugging)利用路由器的输入调试机制找到攻击源端。在输入调试法中,工程师首先确定攻击报文的特征,然后在上游路由器的输出端口加载该特征进行流量过滤,由此确定输入该攻击流量的路由器。这个过程重复执行直到找到离攻击者最近的路由器。该工作需要获得攻击路径上各个路由器管理者的允许,并由熟练的网络工程师参与调试。

受控洪泛法(Controlled Flooding)通过向网络中的路由器发送大量数据包来定位攻击源。受害者首先选择它相邻链路的上游路由器,分别向其发送大量数据包。由于数据包经过超载链路时会出现很高的丢包率,据此可以确定攻击链路。该过程重复执行直到确定攻击源。该方法要求受害者掌握网络拓扑结构。此外,该检测方法本身类似于一种拒绝服务攻击,因此会加重网络拥塞。

(2) 包标记法。

包标记法通过在数据包中记录其经过的路径,帮助受害者追踪攻击源。虽然攻击数据包的源IP地址是虚假的,但是数据包途经的网络路径很难造假。路由器对它转发的数据包进行采样,将路由器信息添加到采样的数据包中。当DoS攻击发生时,受害者从标记数据包提取路由器信息,然后重构出攻击路径,从而确定攻击源。当数据包经过路径过长时,添加的路由器信息可能超过数据包允许的长度,这是包标记法需要克服的一个难题。

(3) 路由日志法。

路由日志法利用记录在路由器记录的信息发现攻击路径。网络中的路由器将所有经过它的数据包的特征保存在日志文件中。当受害者检测到DoS攻击时,将其收集到的攻击数据包的特征,与路由器日志中的数据流的特征进行对比,综合多个路由器的信息确定攻击路径。路由日志法需要巨大的存储空间来存储日志文件,而且该方法存在侵犯用户隐私的风险。

(4) ICMP追踪法。

ICMP追踪法利用ICMP数据包向受害者发送攻击相关信息,帮助受害者确定攻击路径。路由器对它所转发的报文以很低的概率采样,并生成一个与采样的报文相关的 ICMP iTrace 消息,并将此消息发送给采样报文的接收者。ICMP iTrace 消息包含了报文的特征信息、路由器的 IP 地址信息及其上下游路由器 IP 地址信息。ICMP 追踪法即不需要路由器存储海量数据,也不会出现包标记法面临的数据包长度限制问题,因此该方法具有较大的灵活性。

2. 源端防御

源端防御是在攻击者发起攻击时采取一定的措施,避免攻击数据包进入网络中,从而在源头上遏制拒绝服务攻击。源端防御机制部署在接近攻击源的位置,如攻击者所在网络的路由器。目的端防御中提到的增强主机或网络安全性的各种方法也适用于源端防御。其他常用的源端防御方法包括源地址验证机制和出口过滤。

1) 源地址验证机制

RFC5210 定义了源地址验证的体系结构 SAVA (Source Address Validation Architecture)。SAVA 包括三个层次的源地址验证技术,如图 5.10 所示。第一层的验证技术是接入源地址验证,旨在防止主机粒度的源地址伪造,即一个主机不能伪造成为另外一个主机的 IP 地址,从而确保主机源地址的真实性。第二层验证技术是域内源地址验证,旨在防止子网粒度的源地址伪造,即位于某一子网的主机不能伪造成其他子网主机的 IP 地址。第三层验证技术是过滤假冒报文,保证由某自治系统(Autonomous System,AS)发送的报文源地址属于该自治系统,从而保证在自治系统粒度的源地址的真实性。

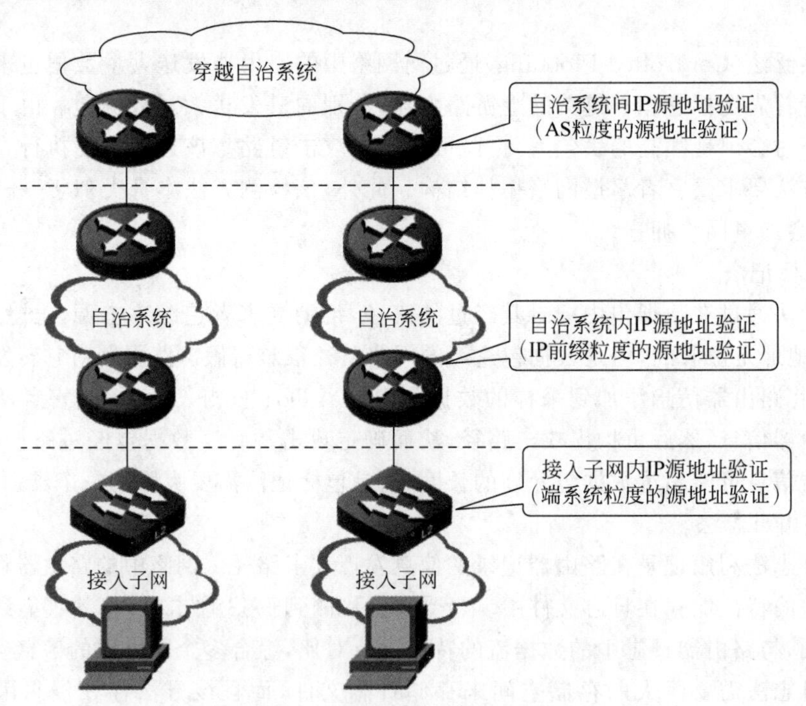

图 5.10 源地址验证体验结构 SAVA

2) 出口过滤

出口过滤的目的是禁止攻击数据包流出到外网中。一种情况是当发现伪造数据包时,例如来自内部网络的数据包其 IP 地址不属于内部网络，此时网络的边界路由器在转发时将这些数据包丢弃。

源端防御也可以利用流量的统计分析实现异常流量的出口过滤。D-WARD 是一种基于实时流量监控的源端防御方法。它部署在源端网络的边界路由器上，监视源网络的出入流量，并将流量信息与正常的流量模型进行比较。如果网络流量与正常流量模型不符合，则对该流量进行过滤。例如，在 TCP 协议中，发送的数据包需要接收者进行确认，如果发送的数据包与确认的数据包数量之比超过了某个阈值，则认为对外发送的流量可能是攻击流量。

源端防御机制旨在从源头上缓解 DoS 攻击，但是该机制的防御效果受到多个因素的影响。首先，攻击源通常分布网络各处，要求每个源端都能检测并过滤攻击流量比较困难；其次，由于源端处的攻击特征不像目的端那样明显，导致系统要么误检率较高，要么漏检率较高；最后，由于源端需要为防御措施付出成本，而自身受益却不明显，可能缺少防御的意愿。

3. 中间网络防御

中间网络防御可以通过禁止转发广播包、基于路由的包过滤和拥塞控制等方法缓解 DoS 攻击。基于路由的包过滤方法要求路由器已知网络的拓扑结构和网络的连接特征。例如，自治系统的边界路由器根据这些已知信息，结合数据包的源地址和目标地址判断该数据包是否是伪造的。

路由器也可以通过拥塞控制机制减轻 DDoS 攻击的影响。例如通过在边界路由器部署拥塞处理机制，利用队列管理保证每个流获得公平的带宽，或者根据数据流的拥塞程度调整路由器缓存，识别并丢弃攻击数据包以降低 DoS 攻击的危害。

5.6　拒绝服务攻击中的对抗

1996 年 9 月，针对 Panix 的 SYN 洪水攻击被许多人认为是第一个针对互联网服务的拒绝服务攻击。Panix 是美国当时一个规模较大的互联网服务提供商。攻击者每秒向服务器发送超过 100 次的 TCP SYN 请求，使服务器无法响应正常用户的请求。Panix 被攻击后，计算机紧急响应小组(CERT)在攻击出现两周内提出了针对 SYN 洪水攻击的防御和缓解方法。

Trinoo 攻击被认为是第一次真正意义上的 DDoS 攻击。1999 年 8 月，该攻击使用超过 200 台主机对美国明尼苏达大学的某台服务器进行分布式攻击，使其在两天内无法提供正常服务。

2002 年 10 月，13 台根 DNS 服务器遭到大规模的拒绝服务攻击，这是针对 DNS 服务器的较早攻击。受到攻击的服务器接收到数据超过平时的 30 倍，攻击时间持续 1 小时左右，造成 13 台根服务器中的 9 台无法正常工作。如今，DNS 服务器采用的负载均衡技术和 anycast 技术可以较好地防御此类攻击。

大多数的 DDoS 攻击利用了僵尸网络。1998 年出现的 GTBot 可能是最早出现的恶意僵尸网络，它使用 IRC 协议构建命令控制频道。自 GTBot 被攻击者广泛使用后，许多僵尸网络，如 PrettyPark、Sdbot、Spybot 等均基于 IRC 协议。然而这类基于 IRC 协议的僵尸网络容易被防御人员检测出来。为了提高僵尸网络的隐蔽性和健壮性,控制者开始转向P2P协议和HTTP协议。第一个P2P僵尸网络是2002年出现的Slapper,之后出现了Sinit、Phatbot和Storm等网络。早期的P2P僵尸网络存在许多缺陷,例如Slapper并没有认证机制,它容易被防御人员劫持。第一个HTTP僵尸网络是2004年出现的Bobax。僵尸程序利用HTTP协议对控制服务器进行轮询,从而获取控制命令,具有较强的隐蔽性。以Storm和Bobax为代表的僵尸网络的流行,促使各种防御方法的提出。基于HTTP和P2P协议的僵尸网络,其控制频道容易被阻断。2008年出现的Conficker僵尸网络同时使用Domain Flux和Random P2P两种寻址方法,使其控制频道更难被阻断。对僵尸网络的防御技术包括检测、追踪、劫持等。

近年来,信息技术的不断发展使许多新型拒绝攻击不断出现,为网络安全带来新的挑战。从攻击对象来看,软件定义网络、物联网、云服务、无人机等平台和服务已成为拒绝服务攻击的重要受害者;从攻击手段来看,工业控制网络、物联网、智能手机、人工智能技术常被作为拒绝服务攻击的载体和关键技术。另一方面,深度学习和大数据等新技术也成为防御拒绝服务攻击的有力手段。

5.7 拒绝服务攻击对抗项目

1. 项目概述

本项目要求对抗双方模拟针对Web服务器的拒绝服务攻击及防御的过程。对抗分为三轮。在第一轮,双方搭建模拟环境,利用工具开展简单的拒绝服务攻击和防御活动;在第二轮,双方针对第一轮演示结果,对攻击和防御进行改进;在第三轮,双方根据第二轮的对抗结果,查阅参考资料、提出新想法,利用多种资源开展攻击和防御活动。

2. 能力目标

(1) 熟悉多个拒绝服务攻击的方法和工具。
(2) 能够识别拒绝服务攻击的具体类型并开展针对性的防御。
(3) 能够检索和学习参考资料并据此设计新的攻击或防御方法。
(4) 能够编写程序将设计的方法用于实践。
(5) 能够撰写项目报告详细正确地描述对抗过程和技术细节。

3. 项目背景

A公司是一家以经营网页游戏为主营业务的小型游戏公司。他们最近推出的战棋类游戏受到玩家喜爱,访问人数直线上升。今天上午,他们收到一封来自B组织的勒索邮件,要求他们支付一定数量的数字货币,否则将在当天晚上对他们实施拒绝服务攻击,使玩家无法访问他们的网站。

4. 评分标准

学生的项目成绩由三部分构成:

(1) 对抗得分。由每一轮的对抗结果决定。

(2) 能力得分。根据学生在对抗过程中展现的专业能力决定。

(3) 报告得分。由项目报告的质量决定。

5. 小组分工

项目由两个小组进行对抗,各组人数应大体相当,每组可包含1～4人。分工应确保每个组员达到至少3项能力目标。

两个小组可分别扮演A、B双方,或者同时扮演A、B双方。

6. 基础知识

项目需要的基础知识包括:

(1) 操作系统、网络与防火墙的基本知识。

(2) 拒绝服务攻击的基本知识。

(3) 防御拒绝服务的基本方法。

(4) 常见的拒绝服务攻击SYN flood、UDP flood、HTTP flood、Slowloris、RUDY、LOIC、HOIC。

(5) 程序编写知识。

7. 工具准备

(1) 虚拟机软件,用于搭建靶机,推荐使用VMWare。

(2) 操作系统,用于搭建靶机,推荐使用Linux。

(3) Web服务器,用于提供Web服务,推荐使用Apache。

(4) 防御工具,用于防御拒绝服务攻击。例如Fail2Ban。

(5) 抓包软件,用于查看网络攻击流量,例如Tcpdump、Wireshark。

(6) 编程语言,用于开发攻击或防御程序,常用的有Python、C++、Java等。

8. 实验环境

本项目需要至少两台计算机,一台用于A方,安装Web服务器,可放置在互联网上;另一台用于B方,可通过互联网访问A方的Web服务器。

9. 第一轮对抗

第一轮的任务是搭建模拟环境,并开展指定的攻击和防御活动。

1) 对抗准备

A方应搭建Web服务器,可提供网页登录功能。A方具有抓包能力,并安装有软件防火墙。

B方可访问A方的服务器,并以用户的身份登录网站。B方可利用Hping3等工具实施ICMP flood攻击。

双方可在同一局域网中。也可A方在互联网上,B方远程访问A方服务器。若A方服务器由服务商提供,应确保已关闭拒绝服务攻击防护。

2）对抗过程

(1) B方访问A方网站。

(2) B方利用工具对A方进行ICMP flood攻击。

(3) A方对访问流量进行抓包，确认攻击流量到达网站。

(4) A方展示其网站能否正常访问。

(5) A方设置防火墙阻止ICMP flood攻击。

(6) A方再次展示其网站能否正常访问。

3）对抗得分

达到以下要求，对应方可获得积分：

(1) 环境配置正确。

(2) A方攻击流量可到达B方。

(3) A方攻击流量可达到预定速率。

(4) A方攻击使B方网站不能正常访问。

(5) B方防御成功。

以上各项的具体分值可由双方在对抗前商议确定。

10. 第二轮对抗

在第二轮对抗中，双方应发挥主动性，利用多个已知方法开展拒绝服务攻击和防御活动。

1）对抗准备

A方的Web服务器应放置在互联网上，B方远程访问A方服务器。A方应关闭服务商提供的拒绝服务攻击防护。

A方利用工具或编写程序实现SYN flood、UDP flood、HTTP flood、Slowloris、RUDY、LOIC、HOIC中的至少三种攻击。

B方应利用工具或编写程序识别和防御以上攻击。

2）对抗过程

A方开展三次不同类型的攻击。对于每次攻击，B应检查服务器能否正常访问，A方的攻击速率，识别A方的攻击类型，实施防御措施，检查防御效果。

3）对抗得分

对抗得分由以下部分构成：

(1) A方攻击流量的速率可达到预定值。

(2) A方攻击使B方网站不能正常访问。

(3) B方正确识别A方攻击类型。

(4) B方防御成功。

以上各部分的具体分值可由双方在对抗前商议确定。第二轮的总分值应高于第一轮。

11. 第三轮对抗

在第三轮对抗中，双方应发挥创造性，查阅、学习和实践新的方法，努力在对抗中取胜。

1）对抗准备

A 方的 Web 服务器应放置在互联网上，B 方远程访问 A 方服务器。A 方应关闭服务商提供的拒绝服务攻击防护。

双方通过查阅资料、学习并设计新的方法、编写程序、利用多种资源为对抗作准备。

2）对抗过程

（1）A 方开展一次攻击。

（2）B 方检查攻击并进行防御。

（3）A 方再开展一次攻击。

（4）B 方检查攻击并进行防御。

3）对抗得分

对抗得分由以下部分构成：

（1）A 方第一次攻击成功。

（2）B 方第一次防御成功。

（3）A 方第二次攻击成功。

（4）B 方第二次防御成功。

以上各部分的具体分值可由双方在对抗前商议确定。第三轮的总分值应高于第二轮。

5.8　参考文献

[1]　鲍旭华，洪海，曹志华. 破坏之王：DDoS 攻击与防范深度剖析[M]. 北京：机械工业出版社，2014.

[2]　杨家海，安常青. 网络空间安全：拒绝服务攻击检测与防御[M]. 北京：人民邮电出版社，2018.

[3]　林沛满. Wireshark 网络分析的艺术[M]. 北京：人民邮电出版社，2016.

[4]　李禾，王述洋. 拒绝服务攻击/分布式拒绝服务攻击防范技术的研究[J]. 中国安全科学学报，2009，19(01)：132-136.

[5]　文坤，杨家海，张宾. 低速率拒绝服务攻击研究与进展综述[J]. 软件学报，2014，25(03)：591-605.

[6]　岳猛，王怀远，吴志军，刘亮. 云计算中 DDoS 攻防技术研究综述[J]. 计算机学报，2020，43(12)：2315-2336.

思考题

1. 什么是拒绝服务攻击？
2. 拒绝服务攻击的动机有哪些？
3. 拒绝服务攻击按不同的分类依据各有哪些类型？
4. 列出并简要说明典型的拒绝服务攻击。

5. 什么是分布式拒绝服务攻击?
6. 僵尸网络和 DDoS 攻击的关系是什么?
7. 开展 DDoS 攻击的僵尸网络涉及哪四种角色?
8. 简要说明 DDoS 攻击的一般过程。
9. 僵尸网络模型按工作机制可分为哪些类型? 各自的特点是什么?
10. 简要说明拒绝服务攻击检测和防御的主要方法。

第 6 章

防火墙

CHAPTER 6

6.1 概述

6.1.1 防火墙的定义

防火墙一词源于建筑学,是指人们筑造房屋时会在周围搭建墙壁,当火灾发生时可以阻止火势蔓延到房屋。类比建筑学上的防火墙,计算机网络安全中的防火墙同样提供保护功能,其目的是保护主机或网络免受非法访问。在计算机网络安全中,防火墙指在两个信任程度不同的网络之间设置的、用于加强访问控制的软件或硬件保护设施。例如,对一个企业而言,其内部网络的可信任程度较高,而互联网的可信任程度较低,因此需要在两个网络之间设置防火墙。防火墙一般应遵循以下三个原则:

(1) 所有进出网络的通信流都应该接受防火墙的检查。

(2) 只有被授权的通信流才能通过防火墙。

(3) 防火墙自身应具备很强的抗攻击能力。

6.1.2 防火墙的功能

理论上防火墙可以工作在网络层、传输层、应用层等 TCP/IP 协议栈中的任意一层。防火墙所处的网络层次不同,实现的安全功能也不同。防火墙所工作的网络协议层次越高,所能查看和分析的信息越多,检查就越细致深入,因此所能实现的安全防护级别就越高。防火墙一般具有以下基本功能:

1) 单一拦截点

防火墙的基本任务是对进出网络的数据流进行检查,若其不符合访问控制策略,则会阻止该数据流进入或离开网络。

某些防火墙具有用户认证功能,可以为每个用户制定访问控制权限。当用户发出资源请求后,防火墙会对其身份进行认证,确认用户是否合法以及用户权限的范围(例如只读、只写、可读可写),以控制用户对受保护网络的访问。

2) 监控点

防火墙会对所有通过的信息进行监控。当发现可疑行为或者出现违反安全策略的事件时,防火墙会及时报告给网络管理员,并提供网络状态的详细信息。所有通过防火墙的数据及由此产生的其他信息都会被详细地记录在日志文件中。通过分析防火墙日志文件,网络管理员可以发现防火墙的错误配置和网络安全漏洞,从而实现对防火墙的安全维护和升级。

3) 安全管理平台

防火墙可以与其他安全设备相互配合以强化网络安全策略。此外,防火墙也可作为一个管理平台,实现基本的网络安全管理功能。

除以上基本功能外,防火墙产品一般还包括了网络地址转换(Network Address Translation, NTP)和虚拟专用网(Virtual Private Network, VPN)功能。

6.1.3 防火墙的分类

按产品形态,防火墙可分为软件防火墙和硬件防火墙。

(1) 软件防火墙一般需要在本地计算机硬盘上安装、部署和配置。软件防火墙的优点是成本低、安装及配置操作简单、便于快速升级或扩展数据库。例如,Windows操作系统安装有自带的软件防火墙。

(2) 硬件防火墙是一种网络物理设备,它可以基于网络专用芯片、网络处理器或PC架构实现。与软件防火墙相比,硬件防火墙一般安全性更高、计算性能更强。

根据可信任程度的不同,网络可划分为三个不同的安全区域,如图6.1所示:①外部网络,此区域为防火墙的非可信网络区域,典型的例子为因特网;②内部网络,防火墙保护的可信网络区域,如内部网络设备、内网核心服务器及用户主机;③非军事区(demilitarized zone, DMZ)网络,架设在外部不可信网络区域和内部可信网络区域之间的网络区域,它是内部网络和外部网络之间的缓冲区,其可信任程度也介于两者之间。DMZ网络通常部署了一些企业服务器,如企业网站,它既要对外提供服务,也需要从内部网络中获取数据。

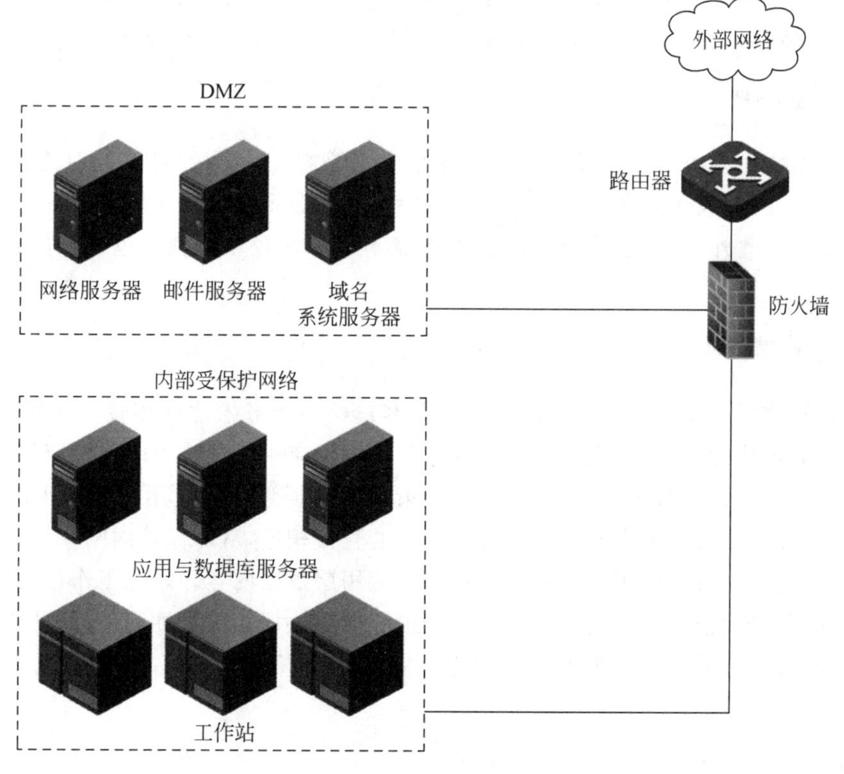

图6.1 内部网络、外部网络与非军事化区网络

基于以上三个区域,按其在网络中的位置,防火墙可分为单机防火墙、边界防火墙和混合防火墙。

(1) 单机防火墙:安装在单个主机中,只是对该主机进行防护,其形态通常为软件防火墙。

(2) 边界防火墙:边界防火墙位于内部网络和外部网络之间,用于控制外部不可信网络对内部可信网络的访问,抵御来自外部网络的攻击,以保护内部网络。此外,边界防火墙还要保证DMZ服务器的安全性和使用便利性。

如果内部网络进一步划分为不同安全等级的安全区域,也可在这些不同可信等级的区域之间放置边界防火墙,实现对内网关键部门和各子网之间隔离。

(3) 混合防火墙:混合防火墙又称为"分布式防火墙"或"嵌入式防火墙",它分布于内外部网络边界和内部各主机之间,既可以对内外部网络之间的通信进行监控,也对内部各主机之间的通信进行监控。

6.1.4 防火墙的基础技术

1. 包过滤技术

包过滤技术是防火墙采用的一种基本技术。它工作于网络层或传输层,根据网络数据包的头部信息(如IP地址、端口号)判断应通过还是拦截该数据包。由于包过滤技术原理较简单,它具有易于实现、运行效率高的优点。但是包过滤技术并不识别应用层协议,因而不能实现应用层内容的过滤。此外,包过滤技术没有记忆功能,它仅基于当前数据包的信息作出判断,不能结合历史数据包的信息实现较复杂的安全功能。

2. 状态检测技术

状态检测技术利用了传输层协议中网络连接的概念。当连接建立时,对连接的合法性进行详细的检查,对该连接之后的数据包则不检查或只做简单检测,因此可提高防火墙处理数据包的效率。此外,利用连接的状态信息,状态检测技术还可实现比包过滤技术更复杂的安全功能。

3. 应用代理技术

应用代理技术工作于应用层。应用代理在客户机与服务器之间担任一个中介的角色,即客户机与应用代理连接,而应用代理与服务器连接。应用代理防火墙理解应用层协议,因而可以对通信内容进行监听,过滤不符合安全策略的数据包。当应用代理位于内网和外网之间,应用代理技术可避免内网主机与外网主机的直接相连,从而保护内网。

与包过滤技术相比,应用代理技术能够过滤应用层数据内容。因为工作在更高层,它的配置更容易,对进出信息的控制更灵活。但是由于应用协议的复杂性,应用代理防火墙的运行效率更低。此外,需要为每个不同的应用层协议(如HTTP、FTP协议)实现不同的应用代理,这降低了技术的通用性。

4. 虚拟专用网技术

虚拟专用网技术(VPN)是指在公用网络上建立的一种临时性的附加一定安全功能的网络连接,该连接只分配给特定用户使用。虽然没有专用的物理线路,但借助密码学和权限管理等技术,可以暂时建立一种安全的网络连接。它兼顾了公用网的低成本、灵活性以及专用网的安全性。例如,出差在外的员工要访问企业内部网络,或者企业各分支机构实现安全通信常使用VPN功能。

VPN技术要保护公用网上传输数据的机密性和完整性,它采用的基础技术包括隧道技术、身份认证技术、加密技术和密钥管理技术等。

5. 网络地址转换技术

当内部网络的主机想要访问外部网络时,防火墙可利用网络地址转换技术(NAT)将主机的内部网络IP地址转换为网络的公共IP地址,然后利用该公共IP地址与外界进行通信。当该主机所请求的响应信息到达防火墙接口时,防火墙将该响应信息的目的地址转化为请求主机真实的IP地址。NAT功能可缓解由于网络规模的快速增长带来的IP地址短缺的问题。NAT还可隐藏主机在内部网络的真实IP地址,增强了网络的安全。

6.1.5 防火墙的安全技术要求

根据防火墙国家标准《信息安全技术防火墙安全技术要求和测试评价方法》(GB/T 20281—2020),防火墙的安全技术要求包括安全功能要求、自身安全要求、性能要求和安全保障要求四大类。本书重点描述前两类要求。

1. 安全功能要求

防火墙的安全功能要求包括组网与部署,网络层控制,应用层控制,攻击防护和安全审计、告警与统计等方面。

1) 组网与部署

(1) 部署模式。防火墙产品有三种部署模式:透明传输模式、路由转发模式和反向代理模式,其中,透明传输模式表示防火墙工作于数据链路层,对用户透明,可看作带过滤功能的网桥;路由转发模式表示防火墙工作于网络层,可看作一个路由器,采用转发模式,需配置路由规则;反向代理模式表示防火墙代表外部网络主机访问内网。

(2) 路由方式。防火墙产品应支持静态、动态和策略路由。其中,静态路由指支持在路由表中添加固定的路由项;策略路由表示支持基于IP地址、基于端口、基于应用类型的策略路由等;动态路由指支持RIP、OSPF或BGP等至少一种动态路由协议。

(3) 高可用性。防火墙应采用技术和措施减少停工时间。冗余部署和负载均衡有助于实现高可用性。

2) 网络层控制

网络层控制包括访问控制和流量管理。访问控制应支持包过滤、网络地址转换、状态检测技术、动态端口开放和IP/MAC地址绑定等功能,其中,动态端口开放应支持FTP协议和H.323等音视频协议。流量管理包括带宽管理、连接数控制和会话管理三类功能。其中,带宽管理会根据安全策略调整客户端占用的带宽;连接数控制将限制单IP的最大并发会话数和新建连接速率,限制非法连接的数量;会话管理在会话结束或长时间处于非活跃状态时终止会话。

3) 应用层控制

(1) 用户管控:支持本地用户认证和第三方认证系统(如LDAP服务器)。

(2) 应用类型控制:根据应用协议的特征进行控制,支持的应用包括常见应用协议(如HTTP、FTP)、特殊类型应用(如聊天类、网络游戏类、网络流媒体类、加密代理类)以及自定义的应用。

(3) 应用内容控制：根据应用传输的内容进行控制，支持的应用包括 Web 应用、数据库应用以及 FTP、TELNET、SMTP、POP3 和 IMAP 等常见应用。

4) 攻击防护

(1) 拒绝服务攻击防护。防火墙产品具备特征库，应支持针对拒绝服务攻击的防护功能，至少包括 ICMP Flood 攻击、UDP Flood 攻击、SYN Flood 攻击、TearDrop 攻击、Land 攻击、Ping of Death 攻击和 CC 攻击等。

(2) Web 攻击防护。防火墙产品具备特征库，应支持针对 Web 攻击的防护功能，至少包括 SQL 注入攻击、XSS 攻击、第三方组件漏洞攻击、目录遍历攻击、Cookie 注入攻击、CSRF 攻击、文件包含攻击、盗链、OS 命令注入攻击、WebShell 攻击和反序列化攻击等。

(3) 数据库攻击防护。防火墙产品具备特征库，应支持针对数据库攻击的防护功能，至少包括数据库漏洞攻击、异常 SQL 语句、数据库拖库攻击和数据库撞库攻击等。

(4) 恶意代码防护。防火墙产品具备特征库，应支持针对恶意代码的防护功能，至少包括拦截典型的木马攻击行为、检测并拦截由 HTTP 网页和电子邮件等携带的恶意代码。

(5) 其他应用攻击防护。防火墙产品具备特征库，应支持防护来自应用层的其他攻击，至少包括操作系统类漏洞攻击、中间件类漏洞攻击和控件类漏洞攻击等。

(6) 自动化工具威胁防护。防火墙产品具备特征库，应支持防护自动化工具发起的攻击，如网络扫描行为、应用扫描行为和漏洞利用工具等。

(7) 攻击逃逸防护。防火墙产品应支持检测并阻断经逃逸技术处理过的攻击行为。

(8) 外部系统协同防护。防火墙产品应提供联动接口，并通过该接口与其他网络安全产品进行联动，如执行其他网络安全产品下发的安全策略等。

5) 安全审计、告警与统计

(1) 安全审计：防火墙产品应支持安全审计功能。其中对事件的日志记录应包括事件的类型、日期、时间、主体、客体和事件描述等内容。此外还应提供基本的日志管理功能。

(2) 安全警告：对攻击行为进行警告，对高频发生的相同告警事件进行合并警告，避免出现告警风暴。告警信息包括事件的主客体、事件描述、危害等级和事件发生的时间等内容。

(3) 统计：对网络流量、应用流量和攻击事件进行统计，可采用报表和图形化的形式进行展示。

2. 自身安全要求

针对防火墙的自身安全提出的要求包括身份标识与认证、管理能力、管理审计、管理方式和安全支撑系统。

1) 身份标识与认证

身份标识与认证安全至少满足以下要求：

(1) 对用户身份进行标识和认证。

(2) 对用户身份认证信息进行安全保护。

(3) 具有登录失败和登录超时处理功能。

(4) 在采用基于口令的身份认证时，要求对用户设置的口令进行复杂度检查，确保用户口令满足一定的复杂度要求。

(5) 提示用户对默认口令进行修改。

(6) 对授权管理员选择两种或两种以上组合的认证技术进行身份认证。

2) 管理能力

对管理能力的要求至少包含以下内容：

(1) 向授权管理员提供设置和修改安全管理相关的数据参数的功能。

(2) 向授权管理员提供设置、查询和修改各种安全策略以及审计日志的功能。

(3) 支持更新自身系统的能力，包括对软件系统的升级以及对各种特征库的升级。

(4) 能从 NTP(Network Time Protocol)服务器同步系统时间。

(5) 支持通过 SYSLOG 协议向日志服务器同步日志、告警等信息。

(6) 应区分管理员角色，即能划分为系统管理员、安全操作员和安全审计员，这三类管理员角色的权限能相互制约。

(7) 提供安全策略有效性检查功能，如安全策略匹配情况检测等。

3) 管理审计

对管理的审计至少满足以下要求：

(1) 对用户账户的登录和注销、系统启动、重要配置变更、增加/删除/修改管理员、保存/删除审计日志等操作行为进行日志记录。

(2) 对产品及其模块的异常状态进行告警，并记录日志。

(3) 日志记录中包括事件发生的日期和时间、事件的类型、事件的主体、事件的操作结果。

(4) 仅允许授权管理员访问日志。

4) 管理方式

管理方式应满足以下要求：

(1) 支持通过 Console 端口进行本地管理。

(2) 支持通过网络接口进行远程管理，管理端与产品之间的所有通信数据采用非明文传输。

(3) 支持使用 SNMP 协议进行监控和管理。

(4) 支持管理接口与业务接口分离。

(5) 支持集中管理，通过集中管理平台实现监控运行状态、下发安全策略、升级系统版本、升级特征库版本。

5) 安全支撑系统

至少包括以下三个要求：

(1) 进行必要的裁剪，不提供多余的组件或网络服务。

(2) 在重启过程中，安全策略和日志信息不丢失。

(3) 不含已知中、高风险安全漏洞。

3. 其他安全技术要求

防火墙的另外两类安全技术要求包括性能要求和安全保障要求。

性能要求规定了防火墙在通信效率方面应满足的技术指标，包括吞吐量、延迟、连接速率和并发连接数。

安全保障要求规定了防火墙产品在整个生命周期(例如产品的设计、开发、测试、交付、用户操作等过程)中应满足的安全要求。

6.1.6 防火墙的不足

从安全的角度,防火墙具有以下不足:

1. 防火墙无法防范所有的攻击

防火墙是一种被动防御技术,只能对已知的攻击进行有效防御。随着人工智能技术的发展,防火墙可以具备一定的学习功能,但并不能保证防火墙能应对各种未知攻击。此外,防火墙一般不包括防病毒的功能。

2. 防火墙自身存在安全隐患

防火墙本质是一个信息系统,因此不可避免地存在安全漏洞。另外,由于防火墙规则繁多,管理人员在配置防火墙时可能引入错误。当这些安全漏洞和错误被攻击者利用时,内部网络容易受到攻击。

3. 防火墙不能消灭攻击源

配置良好的防火墙可以有效地拦截攻击,从而保护内部网络。但防火墙不具备摧毁攻击方的功能,因此攻击者可以不断对防火墙和内部网络开展攻击。

4. 不能防范绕过防火墙的攻击

当攻击者绕过防火墙访问内部网络时,防火墙无法检测该攻击行为。例如,攻击者通过临时建立的无线网络连接到内部服务器,或者直接通过移动存储设备复制内部主机的数据。

为了弥补防火墙的不足,防火墙管理人员应根据攻击和防御技术的发展,不断调整防火墙的策略和规则。同时防火墙也需要与其他安全设备,如防病毒系统、入侵检测系统联合使用。

6.2 防火墙的技术实现

6.2.1 包过滤技术

包过滤技术工作于网络层或传输层,其作用是对进出网络的通信数据进行过滤。包过滤技术主要对数据包头部信息进行判断,以安全过滤规则表为依据判断数据包通过还是丢弃。

安全过滤规则表又称为访问控制列表,由若干个过滤规则组成。每个规则指明数据包头部信息的匹配条件(包含网络地址、端口号、网络协议、标志位、数据包流向等信息)以及条件匹配时防火墙应采取的操作。

如表6-1所示为一个安全过滤规则样表。防火墙对数据包的操作包括三种，即允许通过、拒绝通过和丢弃数据包。其中拒绝通过会向源地址发送表示拒绝接收的消息，丢弃数据包则不发送任何消息。

表6-1　安全过滤规则样表示例

序号	源IP地址	目的IP地址	协议	源端口号	目的端口号	标志位	流向	操作
1	内部网络地址	外部网络地址	TCP	任意	80	任意	出	允许
2	外部网络地址	内部网络地址	TCP	80	>1023	ACK	入	允许
3	所有	所有	所有	所有	所有	所有	所有	拒绝

对于一个给定的数据包，包过滤技术执行以下过程：

(1) 读取数据包的头部信息。

(2) 按顺序从过滤规则表选择一条规则。

(3) 若与规则匹配，执行规则中的操作；若不匹配，则回到步骤(2)；如果没有找到匹配规则，则执行默认策略。

包过滤技术的默认策略可分为严策略和宽策略两种。其中，严策略即默认丢弃策略，如果一个数据包没有找到与之匹配的规则，则丢弃它；宽策略则是默认通过策略。显然，严策略是一种更安全的策略。在防火墙初始运行时，几乎所有的通信均被禁止。随着业务的开展，一些必要的网络服务被逐渐添加到允许通过的过滤规则中。相反地，宽策略提高了方便性，但相应地降低了网络的安全性。两种默认策略可通过安全过滤规则表的最后一项规则体现。例如，表6-1的最后一项规则说明其采用的默认策略为严策略。

包过滤技术的过滤对象可以是IP/ICMP数据包或者TCP/UDP报文，以下分别介绍各过滤对象。

1. IP数据包

通过对IP数据包的首部进行解析，允许受信任IP地址的主机访问网络资源，并拒绝不可信IP地址的主机访问网络。

2. ICMP数据包

ICMP协议负责传递控制信息，对网络控制和管理非常有用，但是也容易被攻击者利用。例如，Ping和Traceroute程序使用了ICMP的询问报文。攻击者可以利用该报文试探目的主机和网络地址是否允许连接。攻击者也可以利用ICMP响应报文发动拒绝服务攻击，造成大量的回送请求报文发送到受害人的主机，使其无法正常工作。防火墙应拒绝或丢弃这些ICMP数据包。

3. TCP报文

TCP报文的首部信息包含了端口号和标志位。因此，包过滤针对TCP报文的过滤可分为对端口的过滤和对标志位的过滤。

对端口的过滤：通常HTTP、FTP、SMTP等应用协议均采用熟知端口，就可以针对特定端口制定过滤规则。例如，拒绝内部主机到任意外部服务器的80号端口的连接，即可实现禁止内部用户访问互联网上的Web网站。

对标志位的过滤：在 TCP 协议中，TCP 报文首部的标志位携带了重要的信息，因此可根据标志位制定过滤规则。例如，当 TCP 连接建立后，TCP 报文的 ACK 标志位被设置为 1。利用这一知识，可制定针对 TCP 报文的过滤规则。表 6-1 第 2 项规则说明，若 TCP 连接已建立才允许外部 Web 服务器发送的数据包进入内部网络。

4. UDP 报文

由于 UDP 是无连接的服务，其报文首部的信息很少，它不像 TCP 报文一样还有丰富的标志位，因此包过滤防火墙仅能实现基于 UDP 端口的过滤。例如，允许 53 号端口的 UDP 报文进入内部网络，意味着防火墙允许访问域名服务。

包过滤技术原理较简单，它具有易于实现、运行效率高的优点。但是包过滤技术也有其缺点。

(1) 控制层次较低。包过滤技术工作在网络层和传输层，不理解应用层协议，因而不能实现应用层内容的过滤。包过滤技术没有用户的概念，因此不能实现用户认证。

(2) 规则集不易维护。随着过滤规则数量的增加，对规则集的配置变得困难，因为规则之间可能存在冲突，或者不能满足安全策略的要求。

(3) 不理解上下文。包过滤技术没有记忆功能，它仅基于当前数据包的信息作出判断，不能结合历史数据包的信息实现较复杂的安全功能。

6.2.2 状态检测技术

状态检测技术利用传输层协议的状态信息进行安全检查。与包过滤技术相比，状态检测技术在安全功能和检查效率方面均有其优势。

1. TCP 协议的状态检测

TCP 协议是一个面向连接的协议，它明确定义了通信过程中的 11 种状态，如等待连接请求、连接建立、连接关闭等。利用这些状态的相关信息，状态检测技术可实现比包过滤技术更复杂的安全功能。如表 6-2 所示为状态检测技术使用的一个状态表实例，除了地址和端口外，该表还记录了连接状态。

表 6-2 状态检查防火墙的状态表的一个实例

源地址	源端口	目的地址	目的端口	连接状态
192.168.1.100	1030	210.22.88.29	80	已建立
192.168.1.102	1031	216.32.42.123	80	已建立
192.168.1.101	1033	173.66.32.122	25	已建立
192.168.1.106	1035	177.231.32.12	79	已建立
223.43.21.231	1990	192.168.1.6	80	已建立
212.22.123.32	2112	192.168.1.6	80	已建立
210.922.212.18	3321	192.168.1.6	80	已建立
24.102.32.23	1025	192.168.1.6	80	已建立
223.21.22.12	1046	192.168.1.6	80	已建立

防火墙使用状态检测技术检查通过 TCP 报文的典型过程如下。

(1) 当报文进入防火墙时，查看它是一个新连接还是已有连接。

(2) 若是新连接,则检查其合法性。若合法,在状态表中建立连接记录,包括地址、端口号以及相关信息如序列号等;若不合法,则阻止报文通过。

(3) 若属于已有连接则放行。

(4) 连接结束后删除连接表中的对应记录。

2. UDP和ICMP的状态检测

与TCP不同,UDP是一种无连接的协议,因此很难跟踪UDP协议的状态。尽管如此,状态检测技术可以将一个UDP会话中的所有报文看作一个UDP"连接",并为该"连接"定义"状态"信息,包括源/目的地址和端口号。当某UDP通信第一次出现时,在状态表中记录。由于UDP没有关闭连接的概念,需要设置一个超时参数,当超时出现时则从状态表中删除对应的记录。

ICMP同样是无连接协议。ICMP报文类型共有13种,其中有4对报文具有对称特性,即具有请求/响应的形式,如时间戳请求和时间戳回复。状态检测技术使用与UDP类似的方式维护ICMP协议的状态表,但对于具有对称特性的ICMP报文则增加了一种记录删除方式,当属于同一连接的ICMP报文完成请求-应答过程后,即认为连接结束,可从状态表中删除记录。

3. 状态检测技术的优缺点

包过滤技术只检查当前数据包的信息,而状态检测技术则会将属于同一会话的所有数据包同等看待。如果会话的第一个数据包通过了安全检查,该会话的后续数据包均会被放行。另一方面,包过滤技术不需要状态表,状态检测技术则需要生成并维护状态记录。

由于状态表记录了连接的状态,因此状态检测技术可以利用状态信息实现较复杂的安全功能。此外,状态检测技术通常只检测连接的初始报文,因此提高了检测的效率。

然而状态检测技术需要保存和处理状态记录,与包过滤技术相比,它需要消耗额外的存储和计算资源。此外,状态检测技术主要工作于传输层,它不理解应用层协议,因此不能对应用层内容进行检查。

6.2.3 代理技术

代理技术与包过滤技术完全不同。代理程序可看作一个消息转发器,它避免了消息发送者和接收者之间的直接通信。例如,运行在内部网络与外部网络之间的代理服务器可以对要传递的消息进行检查,并决定是否转发该消息。

防火墙应用中的代理可分两种情况:正向代理和反向代理。

正向代理是指代表内部主机访问外部网络。当消息到达代理服务器时,代理服务器将消息的源地址改成自己的地址,然后转发到外部网络,因此外部主机收到的消息地址将显示为代理服务器而非内部主机。当代理服务器在收到外部主机的回复消息时,代理服务器将消息的目的地址改为内部主机地址,然后将回复消息转发给对应的内部主机。

反向代理则是代表外部主机访问内部网络。当消息到达代理服务器时,服务器将消息的源地址改为自己的地址,然后转发给内部主机。当内部主机发送回复消息时,代理服务器将消息的目的地址改为外部主机的地址。

利用代理技术可实现多种安全目的。

(1) 隐藏内部主机：由于代理服务器可以代表内部主机与外部网络进行通信，因此外部网络并不知道内部网络的拓扑结构和主机地址。

(2) 消息重定向：代理服务器可根据安全策略改变消息的源地址和目标地址，将消息转发到恰当的主机。

(3) 认证用户：代理技术可以与用户认证技术相结合，仅当用户通过认证才转发消息。

(4) 过滤内容：代理技术通常工作在高层(如应用层、传输层)，因此可理解低层协议所运载的内容。

(5) 高级日志功能：工作在高层的代理技术也可以利用丰富的外部信息(如用户信息、历史消息和安全知识)实现较复杂的日志功能。

根据功能及所在层次，代理技术可分为应用层代理和电路层代理两种类型。

1. 应用层代理

应用层代理也称为应用层网关，工作于应用层，它可以理解 HTTP、SMTP、FTP 等应用层协议，对用户在访问网站、收发邮件、传输文件时发送的数据进行精细的分析。例如，Web 应用防火墙就是一个 HTTP 代理服务。

应用层代理程序同时担任客户机和服务器两种角色，即服务器端代理程序和客户端代理程序。例如，当外部网络客户端访问内部网络的 Web 服务器时，外部网络客户端实际与服务器端代理程序相连，而客户端代理程序则与内部网络的 Web 服务器相连。一旦会话建立，应用层代理程序便作为消息转发器在内网主机和外网主机之间转发消息。由此，应用层代理能够完全控制会话过程。不仅如此，由于应用层代理理解协议的内容，它能实现比包过滤技术更强的安全功能。例如，一个 HTTP 代理可以拦截包含敏感关键字的网页，而不是仅仅检查数据包是否前往 80 号 TCP 端口。又如对 FTP 协议，代理可以允许内部用户使用 FTP GET，从而允许他从互联网上下载文件，同时拒绝 FTP PUT，以禁止用户将文件传向外部网络。

与包过滤技术相比，应用层网关有两个主要的缺点。一是运行效率较低，因为模拟高层协议通常需要更多的存储和计算开销；二是可扩展性较差，需要为每种应用层协议编写相应的代理程序。

2. 电路层代理

电路层代理又称为电路层网关，工作于应用层和传输层之间，基于 TCP 连接实现。电路层代理不允许内部网络与外部网络之间进行直接的 TCP 连接。相反，它会建立两个 TCP 连接，一个是电路层代理程序与内部主机的 TCP 连接，另一个是电路层代理程序与外部主机的 TCP 连接。在建立连接之前，代理程序对连接的安全性进行检查。连接一旦建立，代理程序通常不再进行安全检查，而只起一个中继的作用，将报文从一个连接转发到另一个连接。

由于电路层代理工作在应用层与传输层之间，它不能直接使用操作系统提供的网络协议栈完成 TCP 连接。相反，电路层代理使用专有的程序库来实现 TCP 连接功能，因此可以监视主机建立 TCP 连接时是否符合安全要求。

电路层网关的一个典型的例子是 SOCKS。SOCKS 协议包含 SOCKS 服务器和 SOCKS 客户端。SOCKS 服务的端口号为 1080。因此客户端首先应与 SOCKS 服务器的 1080 端口建立 TCP 连接。然后客户端与服务器协商身份认证方法，并用该方法进行身份验证。验证通过后，客户端向服务器发送一个转发请求，再由服务器决定是否建立相应的连接。关于 SOCKS 的详细内容可参考 RFC 1928。

由于电路层代理位于应用层之下，它可以作为一个通用的代理，传递各种应用层的服务数据。这是相对应用层代理的明显优势，因为应用层代理需要为不同的应用层协议开发专门的代理程序。但是电路层代理无法理解应用层协议，因此它实现的安全功能要弱于应用层代理。若假设内部网络用户是可信的，则可以将应用层代理与电路层代理结合起来。具体而言，就是在由外向内的连接上使用应用层代理，而在由内向外的连接上使用电路层代理。这个方案将对外部发起的连接进行详细的安全检测，提高了安全性；对于内部发起的连接，则通过电路层代理减少了开销。

6.2.4　虚拟专用网技术

1. 虚拟专用网概述

对于出差在外的员工，或者分散在各地的企业各分支机构，如果他们要访问企业内部网络，最安全的方式是为员工或分支机构建立一个连接到目标网络的专用线路。这一线路可以从物理上保护通信安全。但是专用线路过于昂贵，同时也不够灵活，它难以满足用户随时随地产生的网络访问需求。

虚拟专用网络（Virtual Private Network，VPN）可以很好地解决这一问题。VPN 是一种在公共网络中建立的类似专用线路效果的技术，通常由防火墙实现。VPN 具有专用性和虚拟性两个特点。

（1）专用性：VPN 资源只能被该 VPN 的用户使用，不能被网络中其他用户所使用。同时 VPN 提供一定的安全措施，确保 VPN 内部信息不受外部侵扰。

（2）虚拟性：VPN 通信实际是在公共网络（如因特网）进行的，该公共网络通常也被其他非 VPN 用户使用。

基于以上两个特性，VPN 一般应保护网络通信的机密性、完整性和可用性；实现的成本应明显低于专用线路的成本，并提供接近专用网络的通信服务质量。

VPN 的场景需求可分成三类。

（1）端到端（End-to-End）：两台主机之间的安全通信。例如，被互联网连接起来的两台计算机通过 VPN 实现安全通信。

（2）端到站（End-to-Site）：主机到远程网络的安全通信。例如，出差员工要通过 VPN 访问企业内部网络。

（3）站到站（Site-to-Site）：网络到网络的安全通信。例如，企业的两个分支机构通过 VPN 相互访问内部网络。

2. 隧道技术

VPN 一般基于隧道技术实现。隧道技术指将一种协议封装在另一种协议中进行传输的方法。如图 6.2 所示,解释了隧道技术及封装包格式。

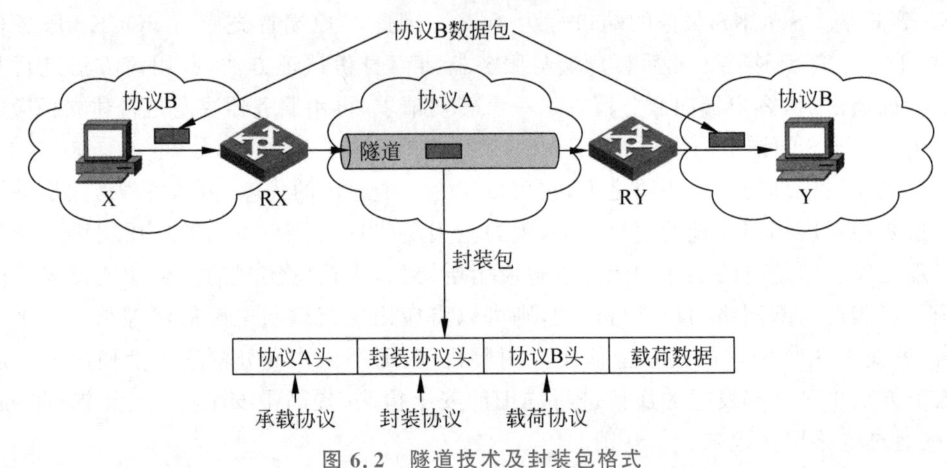

图 6.2　隧道技术及封装包格式

假设主机 X 与 Y 位于两个不同的网络,它们均采用协议 B,这两个网络通过另一个采用协议 A 的网络相连。若 X 要向 Y 发送数据,则数据采用协议 B 的格式;否则当数据到达 Y 所在的网络后,网络无法将之传递给 Y。但采用协议 B 的格式则却无法在采用协议 A 的网络上传输。此时就需要隧道技术。

利用隧道技术,主机 X 发送信息到主机 Y 的过程如下。

(1) X 在数据前添加协议 B 的头部信息,然后发送给隧道起点设备 RX。

(2) RX 在数据包之前加入封装协议头部信息,表明数据包封闭了载荷协议。在此基础上 RX 再添加协议 A 的头部信息,然后发送给隧道终点设备 RY。

(3) RY 对封装协议头进行处理,然后将数据包发送给主机 Y。

在以上过程中,协议 B 称为载荷协议(payload protocol),是被封装和运载的协议;协议 A 称为承载协议(delivery protocol),其作用是传输载荷协议。

根据载荷协议所处的网络层次,VPN 协议可分成三类协议。

(1) 二层 VPN 协议:载荷协议位于 ISO 的第二层,即数据链路层。典型代表有 PP2P 和 L2TP 协议。

(2) 三层 VPN 协议:载荷协议位于 ISO 的第三层,即网络层。典型代表有 IPSec 协议。

(3) 高层 VPN 协议:载荷协议位于 ISO 的第四层及以上。典型代表有 SSL 和 IKE 协议。

3. IPSec VPN

IPSec 协议是 IPv6 的一个组成部分,也是 IPv4 的可选扩展协议。IPSec 作在网络层,可提供数据保密性和完整性等安全服务。特别地,利用 IPSec 可以在公共 IP 网络上实现 VPN 服务,它的载荷协议和承载协议都是 IP 协议。IPSec VPN 有两种工作模式。

(1) 传输模式:仅对 IP 数据包的载荷进行保护,不保护 IP 首部信息。该模式仅可用于端到端的 VPN 场景。

(2) 隧道模式:对 IP 数据包的载荷和首部信息均进行保护。该模式可用于端到端、端到站和站到站三种场景。

IPSec 协议实际由多个子协议构成,AH(Authentication Header)协议和 ESP(Encapsulating

Security Payload)协议是其中两个重要的子协议。AH 协议可供数据的完整性功能,而 ESP 协议可同时提供保密性和完整性功能。这两个子协议均可支持传输和隧道模式。本书只介绍 AH 协议的隧道模式。关于 IPSec 更多的细节可参阅 RFC 2401。

假设一个出差员工希望通过 IPSec VPN 访问内网地址为 N2 的服务器。首先启动个人电脑的 VPN 客户端,并连接上互联网。该个人电脑的互联网地址为 W1,内网地址为 N1,内网 VPN 网关的互联网地址为 W2。下面结合图 6.3 说明 AH 协议的隧道模式是如何实现端到端的安全通信:

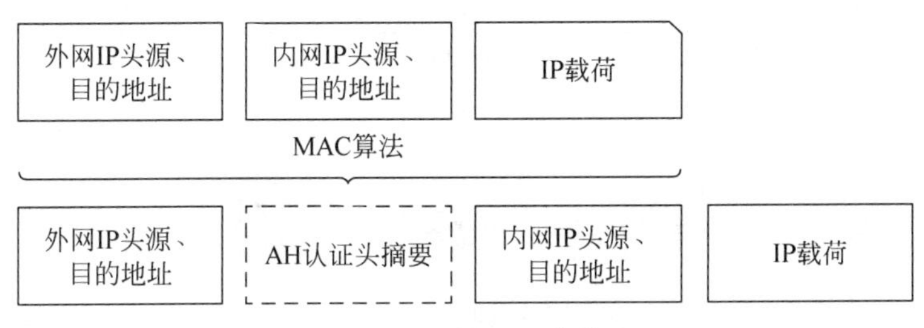

图 6.3 AH 协议隧道模式

(1) VPN 客户端为 IP 载荷 P 添加员工个人电脑的内网源地址和目的地址,即 N1 和 N2。

(2) VPN 客户端使用 MAC 算法为五元组(W1,W2,N1,N2,P)计算一个 AH 认证头摘要 H。

(3) VPN 客户端按图 6.3 的样式组装成 IP 数据包,并通过互联网将此数据包发送给内网 VPN 网关。

(4) VPN 网关使用消息鉴别算法对数据包的完整性进行认证。

(5) 若认证通过,VPN 网关将包含(N1,N2,P)的 IP 数据包发送给内网服务器。当内网服务器收到数据包时,在它看来,数据就像是从内部网络直接发送过来的。

AH 协议使用的 MAC 算法保护了互联网上传输的数据包的完整性。若五元组(W1,W2,N1,N2,P)中的任意一项内容在互联网上传输时被篡改,VPN 网关都可以发现。但是 AH 协议不能保护数据包的机密性,这一功能需要借助 ESP 协议实现。

6.3 防火墙的体系结构

在实际部署时,防火墙往往不只是由一个软件或一台设备实现。根据实际情况和安全要求,防火墙系统可能由一个或多个软件和硬件组合而成。这种组合方式称为防火墙的体系结构。本节介绍四种常见的防火墙体系结构,即屏蔽路由器、双宿堡垒主机、屏蔽主机和屏蔽子网结构。

6.3.1 屏蔽路由器结构

屏蔽路由器是一种简单的防火墙结构,如图 6.4 所示。它架设在外部网络与内部网络之间,相当于在普通路由器上增加了数据过滤功能。普通路由器仅有数据包转发功能,屏蔽路由器还会根据过滤规则决定是否转发该数据包。屏蔽路由器可以采用包过滤和状态检测技术实现这一功能。

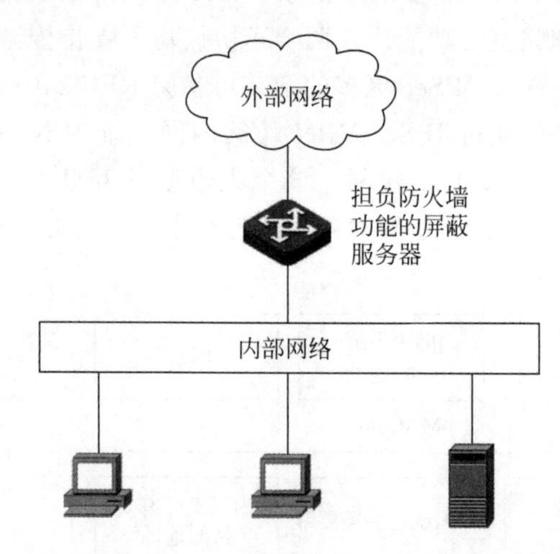

图 6.4　屏蔽路由器结构防火墙

6.3.2　双宿堡垒主机结构

堡垒主机是防火墙管理人员所指定的一个系统,它是保护网络安全的一个关键点。堡垒主机的角色通常由一台计算机承担,并拥有至少两块网卡分别连接内部网络和外部网络。堡垒主机一般需要提供公共服务,如 WWW、DNS、FTP、SMTP 等,但这些服务可能会对内部网络带来风险。因此,堡垒主机的一个作用即是将内部网络与外部网络隔开,通过为内部网络设立一个检查点,对进出内部网络的数据进行检查,从而保护内部网络。

双宿堡垒主机是一种防火墙体系结构,如图 6.5 所示,它结合了堡垒主机与应用层代理技术。它采用一台堡垒主机作为连接内部网络和外部网络的通道。内部网络与外部网络的两台主机不能直接通信,它们之间的信息交换通过应用层代理技术实现。当内部网络中的主机访问外部网络时,首先将请求发送给双宿堡垒主机上的代理程序,经过安全检测并获得允许后,再由代理程序转发至外部网络。类似地,外部网络对内部网络的所有请求也是由双宿堡垒防火墙的代理程序接收并进行安全检测。

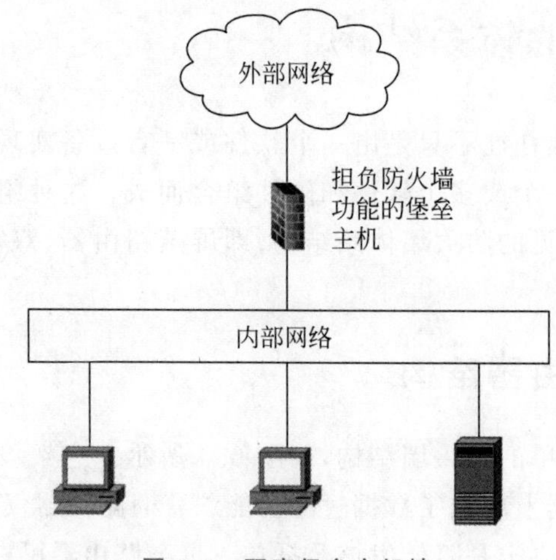

图 6.5　双宿堡垒主机墙

在双宿堡垒主机结构中，由于堡垒主机是位于外部网络边界的计算机，因此堡垒主机常常是最先被攻击的计算机。一旦堡垒主机被入侵，它立即会成为入侵者攻击内部网络的跳板。因此，堡垒主机应具有较完善的自我保护机制。一般地，对堡垒主机的管理维护应满足以下要求：

（1）堡垒主机使用的操作系统应是安全版本，以确保堡垒是一个可信系统。

（2）尽可能地减少堡垒主机提供的服务，而且对于必须设置的服务，只能授予尽可能低的权限。

（3）对堡垒主机的安全情况进行持续不断的监测。

（4）对堡垒主机的日志进行分析，对攻击行为作出及时响应。

（5）用户在使用代理服务之前必须先通过用户认证。

（6）堡垒主机上的不同代理程序彼此独立，某个代理程序的安全缺陷不应影响到其他代理程序的使用。

6.3.3　屏蔽主机结构

在双宿堡垒主机结构中，堡垒主机直接暴露在内部网络的最前沿。屏蔽主机结构则由屏蔽路由器与堡垒主机共同组成，如图 6.6 所示，屏蔽路由器位于通信网络的最外层，可以为堡垒主机提供保护。

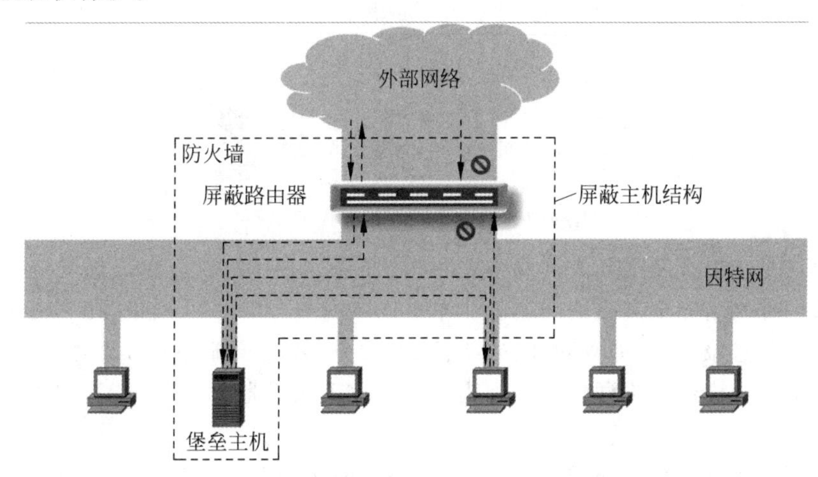

图 6.6　屏蔽主机结构防火墙

当外部网络的主机请求与内部主机通信时，屏蔽路由器首先将其重新定向到堡垒主机，堡垒主机通过代理服务程序与内部主机连接，仅当该请求通过安全检测才转发到内部主机。当内部主机请求访问外部网络时，屏蔽路由器同样将其重新定向到堡垒主机。堡垒主机上的代理程序负责安全检测，若检测通过则将请求转发给屏蔽路由器，再由屏蔽路由器发送给外部网络的目标主机。

6.3.4　屏蔽子网结构

屏蔽主机结构通过引入屏蔽路由器提高了对堡垒主机的保护。但是若屏蔽路由器被攻破时，攻击者则可以绕过堡垒主机直接与内部主机通信。例如，攻击者可以修改路由表，使发送给内部主机的数据包不再转发到堡垒主机,而是直接转发给目的主机;或者使内部主机发给外部网络的请求不再经过堡垒主机,而直接发送到外部网络。此时,堡垒主机的作用形同虚设。屏蔽主机结构的两个主要缺点是:①堡垒主机与内部主机位于同一个子网;②内部网络的安全性维系于屏蔽路由器的路由表。屏蔽子网结构正是为了解决这一问题。

屏蔽子网结构由外部屏蔽路由器、非军事区(DMZ)和内部屏蔽路由器组成。其中外部屏蔽路由器将外部网络与非军事区分开,内部屏蔽路由器将内部网络与非军事区分开。如图 6.7 所示为屏蔽子网结构防火墙的一个典型例子。

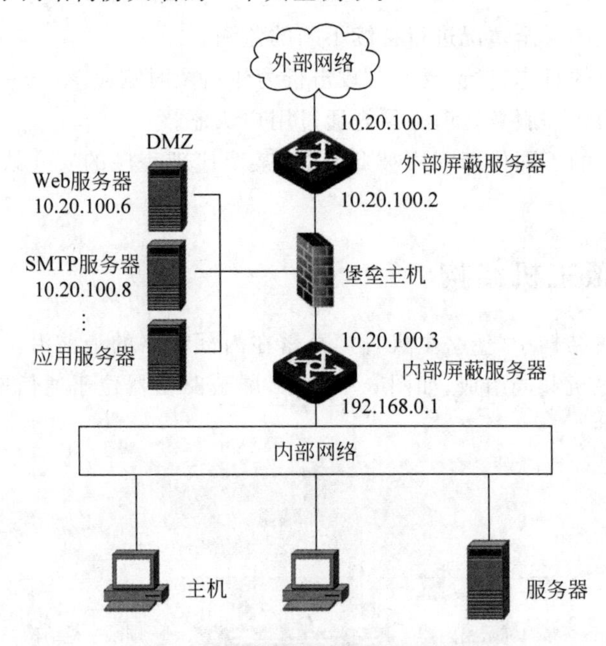

图 6.7 屏蔽子网结构防火墙示例

非军事区是在内部网络与外部网络之间构建的缓冲网络,以避免当堡垒主机被攻破或绕过而导致内部网络完全暴露的问题。非军事区本身是一个小型网络,在它内部可部署堡垒主机和公共信息服务器(如 Web 服务器、FTP 服务器、电子邮件服务器等)。公共信息服务器应尽量避免与内部网络通信。否则当入侵者攻破服务器时,就可能窃取内部网络的信息,或者发送危害内部网络的数据。

外部屏蔽路由器又称为访问路由器,位于外部网络和非军事区之间。外部屏蔽路由器作为屏蔽子网体系结构的第一道防线,为非军事区和内部网络提供基本的过滤功能。此外,来自外部网络的数据包,外部屏蔽路由器只会传给堡垒主机,而不会传给内部屏蔽路由器。从而避免内部网络和外部网络之间的直接通信。

内部屏蔽路由器又称为阻塞路由器,作为屏蔽子网结构的最后一道防线,承担了大部分的包过滤工作。

当内部主机请求访问外部网络时,内部屏蔽路由器将请求转发给位于非军事区的堡垒主机。堡垒主机上使用代理程序对请求进行检测,只有满足安全要求才可以转发给外部屏蔽路由器。

屏蔽子网结构设置了多道防线对内部网络进行保护。由于堡垒主机没有放置在内部网络,即使堡垒主机或公共信息服务器被攻破,内部网络在内部屏蔽路由器的保护下仍是相对安全的。此外,屏蔽子网结构实现了对内部网络的隐藏,从而防止入侵者掌握内部网络的拓扑结构和主机地址。

6.4 防火墙中的对抗

1987年,来自美国数字设备公司的工程师Jeffrey Mogul等发表第一篇有关于包过滤技术的论文。1989—1990年,美国贝尔实验室的Dave Presotto等首先提出电路层代理防火墙。1992年,美国数字设备公司开发了第一台商业防火墙SEAL,该产品使用了应用层代理防火墙。早期的防火墙虽然在保护网络安全中起到了重要作用,但存在配置复杂等问题。此外,防火墙通常需要与其他的安全设备配合使用,这增加了设备管理的复杂性。

进入21世纪,安全产品供应商将防火墙、防病毒网关、入侵检测和入侵防御等功能组合到一个平台中,构建了统一威胁管理系统(Unified Threat Management, UTM)。UTM将不同的网络安全技术整合到一个设备中,简化了设备的安装、配置和维护,节省了成本和人力资源。尽管UTM具有以上优点,但也存在许多不足。例如,UTM在网络架构中引入了单点故障问题,UTM的失效将导致整个网络的失效。此外,UTM与深度防御的思想是矛盾的,用一个UTM设备取代多种安全产品意味着网络失去了一个纵深防御体系。最后,UTM对同一个数据包往往需要重复拆包和多次分析,严重降低了UTM的工作效率。

2009年,市场分析咨询机构Gartner发布了一篇名为《定义新一代防火墙》的文章,对新一代防火墙(Next Generation Firewall, NGFW)进行了定义。首先,NGFW拥有传统防火墙的所有功能,它支持防火墙与入侵防御系统的联动,能根据应用的行为和特征对特定应用进行识别和控制。其次,NGFW具有一定的智能性,当检测到攻击行为时能自动修改安全策略。最后,NGFW具有高可用性,能够快速处理高带宽网络的流量。NGFW产品在一定程度上提高了网络通信的效率和安全性,但仍然面临着许多挑战。例如,NGFW在防御未知攻击、利用物联网和云计算平台发起的攻击、从网络内部发起的攻击时表现不佳。

近年来,人工智能技术特别是机器学习取得了较大的成功,这使得机器学习驱动的防火墙成为可能。此类防火墙利用机器学习技术为网络提供主动和实时的保护。例如,机器学习技术可以充分利用海量数据训练防御模型,并根据网络实时数据实现模型的不断改进,有望解决现有防火墙规则固化或更新缓慢的弊端。此外,在数据充足的情况下,机器学习特别是深度学习技术能更好地学习攻击者的行为模式,从而增强网络的安全防护能力。

6.5 防火墙攻防对抗项目

1. 项目概述

本项目要求对抗双方模拟针对防火墙的攻击与防御过程。对抗分为三轮。在第一轮,双方搭建模拟环境,采用基础的防火墙设备进行演示;在第二轮,双方围绕防火墙进行三次攻防战;在第三轮,双方在第二轮对抗的基础上,查阅参考资料、提出新想法,开展具有一定挑战性的攻击和防御活动。

2. 能力目标

(1) 能够理解和运用一些基本的网络攻击手段。
(2) 能够识别网络攻击具体类型并使用防火墙进行防御。
(3) 能够检索和学习参考资料并据此设计新的攻击或防御方法。
(4) 能够编写程序将设计的方法用于实践。
(5) 能够撰写项目报告详细正确地描述对抗过程和技术细节。

3. 项目背景

A 公司是一家猎头公司,其网站数据库保存了大量客户的资料,可供其内部员工使用。为了保护客户的隐私,A 公司在其服务器上设置了防火墙。B 机构则计划利用网络攻击窃取这些资料。

4. 评分标准

学生的项目成绩由三部分构成:
(1) 对抗得分。由每一轮的对抗结果决定。
(2) 能力得分。根据学生在对抗过程中展现的专业能力决定。
(3) 报告得分。由项目报告的质量决定。

5. 小组分工

项目由两个小组进行对抗,各组人数应大体相当,每组可包含 1～4 人。分工应确保每个组员达到至少 3 项能力目标。

两个小组可分别扮演 A、B 双方,或者同时扮演 A、B 双方。

6. 基础知识

项目需要的基础知识包括:
(1) 防火墙的基本知识。
(2) 系统漏洞的基础知识。
(3) ARP 欺骗攻击的原理。
(4) SQL 注入的基本原理。

7. 工具准备

(1) 虚拟机软件,用于搭建靶机,推荐使用 metasploitable 虚拟机。
(2) 靶机上安装 Web 服务器与关系数据库服务器。Web 服务器推荐 Apache,关系数据库服务器推荐 MySQL。
(3) 防火墙配置工具,推荐使用 iptables。
(4) 攻击机,用于实现网络攻击,推荐使用 Kali Linux。

8. 实验环境

本项目需要至少两台计算机,一台用于 A 方,安装 Web 服务器,可放置在互联网上;另一台用于B方,可通过互联网访问A方的Web服务器。

9. 第一轮对抗

第一轮的任务是搭建模拟环境,双方围绕ARP中间人攻击开展攻防活动。

1) 对抗准备

双方提前配置好靶机和攻击机,两台计算机放置在同一局域网中。A方Web服务器可正常访问。B方学会使用ARP中间人攻击程序或工具开展攻击,A方学会配置iptables进行防御。

2) 对抗过程

(1) A方展示Web网站可正常工作,并关闭防火墙。

(2) B方对A方发起ARP中间人攻击。

(3) A方恢复网络正常状态,并配置防火墙。

(4) B方再次发起ARP中间人攻击。

3) 对抗得分

达到以下要求,对应方可获得积分:

(1) A方环境配置正确。

(2) 在防火墙关闭情况下B方攻击成功。

(3) A方通过配置防火墙防御成功。

以上各项的具体分值可由双方在对抗前商议确定。

10. 第二轮对抗

在第二轮对抗中,B方对A方发起三种不同的攻击,A方配置防火墙进行防御。

1) 对抗准备

A方将服务器应放置在互联网上,B方可远程访问A方服务器。A方应关闭服务商提供的网络保护功能。A方能编写程序或使用工具开展ICMP重定向攻击、SQL注入攻击和一种渗透攻击(例如,可利用VSFTPD v2.3.4漏洞)。B方能配置iptables防御以上攻击。

2) 对抗过程

(1) 在不开启防火墙的情况下,B方分别开展上述三次攻击。

(2) A方对防火墙进行相应设置。

(3) B方重新开展上述三次攻击。

3) 对抗得分

对抗得分由以下部分构成:

(1) 在防火墙关闭情况下B方攻击成功。

(2) A方通过配置防火墙防御成功。

以上各部分的具体分值可由双方在对抗前商议确定。第二轮的总分值应高于第一轮。

11. 第三轮对抗

在第三轮对抗中,双方基于第二轮的对抗过程和结果,通过查阅资料,发挥创造性,学习和实践新的方法,努力在对抗中取胜。

1) 对抗准备

A 方将服务器应放置在互联网上,B 方可远程访问 A 方服务器。A 方应关闭服务商提供的网络保护功能。

双方广泛查阅资料,学习并设计新的攻击和防御方法,使用新工具或编写程序为对抗作准备。

2) 对抗过程

(1) A 方开展一次攻击。

(2) B 方检查攻击并进行防御。

(3) A 方再开展一次攻击。

(4) B 方检查攻击并进行防御。

3) 对抗得分

对抗得分由以下部分构成:

(1) A 方第一次攻击成功。

(2) B 方第二次防御成功。

以上各部分的具体分值可由双方在对抗前商议确定。第三轮的总分值应高于第二轮。

6.6 参考文献

[1] 王麓铭. 防火墙深度包检测技术的研究与实现[J]. 数字技术与应用,2016,(04): 210.

[2] 孔德剑,李勇. ICMP 重定向攻击与防范方法研究[J]. 中小企业管理与科技(上旬刊),2015(10): 211-212.

[3] 顾雅枫. 局域网中 ARP 攻击原理及防御措施探讨[J]. 甘肃科技,2021,37(09): 26-28+32.

[4] 李大勇. 操作系统防火墙白名单技术的应用[J]. 信息系统工程,2019(01): 108-110.

思考题

1. 什么是防火墙?防火墙有哪些主要功能?
2. 根据不同的依据,防火墙可分为哪些类型?
3. 防火墙有哪些基本的安全技术要求?
4. 防火墙有哪些不足?
5. 状态检测技术相比包过滤技术的优势是什么?
6. 使用防火墙的代理技术可以实现哪些安全目的?
7. 应用层代理和电路层代理各自的优缺点是什么?
8. 什么是 VPN?它应具有哪些特性?
9. 什么是隧道技术?AH 协议的隧道模式如何实现端到端的 VPN 功能?
10. 试描述防火墙常见的体系结构。

第 7 章

入侵检测技术

CHAPTER 7

视频讲解

7.1 概述

7.1.1 入侵检测的概念

入侵检测是对受保护的系统进行监视以识别入侵行为的过程。例如,通过对系统状态、用户行为、日志文件等数据源进行分析,发现对信息系统的越权访问或非法操作。入侵检测要识别的行为包括已经发生、正在发生或计划发生的入侵。

入侵检测系统是用于检测入侵行为的计算机系统。它可以是软件系统或软硬件结合的系统。入侵检测系统是对防火墙功能的一种补充。防火墙存在一些固有的缺陷,例如它不能防范绕过防火墙的攻击、难以防范未知的攻击、难以防范网络内部用户的破坏行为等。入侵检测系统可以在很大程度上弥补这些不足。

7.1.2 入侵检测系统的主要作用

入侵检测系统的主要作用如下。

(1) 检测并及时阻断正在发生或未来可能发生的外部攻击行为,避免网络受入侵行为的损害。

(2) 检测并实时阻断网络内部用户的错误操作或越权行为,避免系统资源遭受有意或无意的破坏。

(3) 提供网络入侵的证据,作为法律起诉的依据或用于改进入侵检测系统和网络安全。

(4) 检测并修补网络中存在的弱点和漏洞。

(5) 利用工具和技术(如蜜罐技术)记录入侵者的行为和信息,通过分析入侵目的和特征,有助于优化入侵检测系统及安全管理策略。

(6) 发现入侵行为并对入侵者进行追踪,对入侵者具有威慑作用。

(7) 提高组织对系统和用户行为的安全监控能力,提高安全管理的质量。

7.1.3 入侵检测系统的性能指标

入侵检测系统的性能指标可分为3类,即安全性指标、有效性指标和可用性指标。

1. 安全性指标

安全性指标用于衡量入侵检测系统保护自身安全的能力。任何信息系统都可能存在弱点和漏洞,入侵检测检测系统也存在被篡改、假冒和控制的可能。对于入侵检测系统这类安全系统来说,只有保证自身的安全性,才能为整个网络的安全运行保驾护航。入侵检测系统的安全性可分为内部可靠性和外部可靠性两个方面。

内部可靠性是指入侵检测系统的数据通信机制是可靠的。入侵检测系统及其数据来源不能被假冒,两者之间通信的数据不被伪造、删除和篡改。

外部可靠性是指入侵检测系统面对各种外部环境时能够稳定运行。这些外部环境可能是正常的网络通信，如网络高峰时期的巨大通信流量；也可能是恶意攻击，如恶意软件和DDoS攻击。

2. 有效性指标

有效性指标反映了入侵检测系统检测结果的可信度。两个最重要的有效性指标是漏警率和误警率。

(1) 漏警率：攻击已经发生但系统没有检测出来的概率。

(2) 误警率：攻击没有发生但系统认为攻击出现的概率。

一般而言，在信息来源和检测技术固定的前提下，漏警率和误警率不可能同时降低。要同时降低这两个指标，需要扩充信息来源或者改进检测技术。

3. 可用性指标

可用性指标用于衡量入侵检测系统处理数据的效率。入侵检测系统的可用性指标很多，以下列出3个最常见的可用性指标。

(1) 检测延迟：从攻击开始到发现攻击所用的时间。该参数反映了入侵检测系统对入侵行为的分析效率。该参数值越大，则入侵攻击造成的潜在损失越大。

(2) 吞吐量：入侵检测系统单位时间内能够处理的数据流量。该参数反映了入侵检测系统可以承受的流量压力。当流量的到达速率超过该参数值时，入侵检测系统必须丢弃部分流量。

(3) 每秒事件处理数：入侵检测系统单位时间可以处理的报警事件个数。该参数反映了入侵检测系统的事件处理和日志记录效率。

7.1.4 入侵检测的过程

入侵检测过程可以分为三个阶段：信息收集、入侵分析、告警与响应。

1. 信息收集

信息收集是指入侵检测系统从信息源获取信息，包括网络和设备的活动、状态、传输的数据以及用户的状态和行为等。信息收集要确保信息的可靠性和正确性。信息收集应覆盖足够的范围，如路由器、防火墙、服务器和主机等。如果收集到的信息不可靠，则入侵分析的结果同样是不可靠的。如果收集的信息范围不够广泛，反映入侵行为的数据没有包含在收集的信息中，则可能造成入侵检测系统的漏报。

收集的信息应该进行保存。当系统检测出入侵行为时，作为入侵证据，这些信息可用于对入侵行为进行追责，或者用于改进安全管理策略和实施。7.3节将对入侵检测的数据源作详细介绍。

2. 入侵分析

入侵分析是对信息收集阶段获取的数据进行分析，以发现入侵行为。在海量的数据中，绝大部分信息代表正常的行为，仅有极少数的信息代表入侵行为。因此入侵分析是困难的，需要对系统和用户的活动数据进行建模和鉴别，以确定该行为是否为入侵行为。这种鉴别可以是实时的,即一旦获得行为数据立刻作出判断;也可以是非实时的,即对过去一段时间获得的历史行为数据进行事后分析。

信息分析的方法有很多,例如完整性分析、统计分析、模式识别分析、机器学习方法等。7.4 节将对入侵分析作详细介绍。

3. 告警与响应

当检测出入侵行为后,入侵检测系统立即进行告警,包括向管理控制台发出警告、向安全管理人发送电子邮件、向 SNMP 管理器发送报告等,其他响应方式还包括:

(1) 自动阻断攻击。

(2) 终止入侵者网络连接。

(3) 使用诈骗技术获取入侵者的信息。

(4) 禁止入侵者账号或 IP 地址。

(5) 在日志中记录入侵事件。

(6) 修补引起攻击的安全漏洞。

(7) 执行用户自定义程序。

7.1.5 入侵检测系统的分类

1. 根据数据源分类

根据入侵分析使用的数据来源,入侵检测系统可分为基于主机、基于网络以及基于混合数据源的入侵检测系统。

1) 基于主机的入侵检测系统

基于主机的入侵检测系统检测的目标主要是主机系统和本地用户。它的主要数据源是操作系统日志和应用系统日志,也可以包含主机上的敏感文件、硬件状态、到达主机的网络数据包等信息。基于主机的入侵检测系统适合检测利用操作系统和应用程序特征开展的攻击。这类检测系统一般为特定的操作系统开发,所以兼容性和通用性较差。

基于主机的入侵检测系统的主要优点如下。

(1) 不需要额外的硬件。

(2) 能够监视主机系统中的各种细节活动,如对敏感文件、目录、程序或端口的存取。

(3) 能够结合操作系统和应用程序的行为特征对入侵进行分析。

其主要的不足为:

(1) 系统的通用性、可移植性较差。

(2) 若主机已被攻击者控制,则入侵检测系统也会失效。

(3) 对主机的工作性能有一定影响。

(4) 对网络攻击的检测效果差。

2) 基于网络的入侵检测系统

基于网络的入侵检测系统利用网络监听器获取入侵检测的所需的数据。网络监听器在网络中的关键点被动地监听网络中的所有通信业务,对网络数据包进行捕获,根据源主机地址、目标主机地址、服务协议端口等信息过滤掉不感兴趣的数据包,然后发给入侵检测系统进行分析。基于网络的入侵检测系统可以发现基于主机数据源的入侵检测系统难以发现的一些攻击，例如基于非法格式数据包的攻击以及各种拒绝服务攻击。它不依赖于被保护主机的操作系统，因此具有通用性。由于网络监听器对入侵者是透明的，它的隐蔽性较好，减少了自身被攻击的可能性。

网络数据包的捕获是基于网络的入侵检测系统的基础。一方面，要确保网络上的所有数据包均被捕获；另一方面，捕获效率也很重要，效率较低会降低整个入侵检测系统的处理速度。

基于网络的入侵检测系统的主要优点是隐蔽性好、通用性强、对主机性能没有影响；主要缺点是需要额外的硬件、难以分析针对主机特点的特定攻击。此外，由于许多内容在网络上是加密传输的，因此基于网络的入侵检测系统很难对这些内容进行分析。

3）基于混合数据源的入侵检测系统

由于基于主机和基于网络的入侵检测系统各有优缺点，因此可将两者结合起来。基于混合数据源的入侵检测系统是一种综合了两者特点的入侵检测系统，既可以发现网络中的攻击信息，也可以从系统日志中发现异常情况。在实现时，一个基于混合数据源的入侵检测系统可由管理服务器和多个监视模块组成。其中监视模块安装在各个主机和网络路径上，各监视模块负责向管理服务器上传数据和报告。

2. 根据检测方式分类

根据检测方式的不同，入侵检测系统上可分为实时检测系统和非实时检测系统。

1）实时检测系统

实时检测系统也称为在线检测系统。实时入侵检测技术对网络流量、主机审计记录及各种日志信息等进行快速处理，当攻击行为发生后的极短时间内发现攻击事件，从而发出报警，快速进行响应。当入侵检测系统要处理的数据量过大或入侵分析算法速度过慢时，入侵检测系统的实时性难以保证。

2）非实时检测系统

非实时检测系统也称为离线检测系统，它对过去一段时间内的大量数据进行分析，其分析过程通常需要较长的处理时间，因此不能满足实时报警的要求。非实时检测系统虽然不能及时发现入侵，但通过运用复杂的分析技术可以识别出实时检测方法没有发现的一些入侵行为。非实时检测系统获得的信息还可用于攻击溯源和攻击举证，或者用于改善入侵检测系统。

当网络流量过大时，实时检测方式需要的计算资源可能很难满足。实践中一般将实时检测方式和非实时检测方式相结合，即先用实时方式对数据源进行初步分析，对确认的入侵行为立即报警，然后对数据继续作非实时分析，以获得关于入侵的更详细的信息。

3. 根据检测结果分类

根据检测结果，入侵检测系统可分为两类。

(1) 二分类入侵检测系统：此类系统的检测结果只有两种类型，即发生入侵和未发生入侵，而不能提供关于入侵的更多信息。当系统检测到入侵事件时，只发出入侵警报，而不提供入侵的具体类型。

(2) 多分类入侵检测系统：此类系统能够给出入侵的具体类型。当系统检测到入侵事件时，不仅会发出入侵警报，还会报告入侵的具体类型，便于提醒安全管理员采取与此类入侵相对应的措施。

4. 根据分布方式分类

(1) 集中式入侵检测系统：系统的各个模块都集中在一台主机上运行。集中式入侵检测系统适用于网络环境相对简单的情况。

(2) 分布式入侵检测系统：系统的各个模块分布在网络中不同的计算机、设备上。分布式入侵检测系统通常由多个模块组成，这些模块分布在网络中的不同位置，分别完成数据的收集、数据分析、数据存储和报警等功能。

分布式入侵检测系统相比集中式系统有多个优点。首先，分布式结构直接解决了集中式系统单点失效的问题。其次，采用分布式可以将单个主机的负荷分散到多个主机上，从而减少了每台主机的压力。最后，分布式结构使得整个入侵检测系统在范围、功能和性能等方面容易扩展。但是分布式入侵检测系统在技术实现方面的难度高于集中式系统。

5. 根据分析方法分类

根据入侵检测的分析方法，入侵检测系统可分为两类。

(1) 误用入侵检测系统：误用检测方法基于目前已发现的入侵攻击的信息来检测入侵和攻击。在误用检测中，假定所有入侵攻击的信息，如知识、特征、过程等，都可以表示成一种模式，则入侵行为可通过模式匹配方法发现。

误用入侵检测的优点是误报率低。模式匹配成功意味着很可能发生了与模式相对应的攻击。它的缺点是只能发现已知的攻击，因为未知攻击的模式在系统中没有记录。此外，由于许多攻击基于特定系统的漏洞，而误用检测方法的关键在于对攻击模式的表示，这使得误用检测方法的可移植性较差。

(2) 异常入侵检测系统：异常检测方法根据当前行为与正常行为的偏差程度判断是否发生入侵。异常检测系统假定入侵行为与正常行为有很大的不同。系统计算当前行为与正常行为之间的偏差，当偏差超过预先设定的阈值，则认为发生了入侵。

异常入侵检测方法的优点是可移植性好，并且可以发现未知的攻击。它的缺点是误报率较高，因为有的入侵行为可能与正常行为很相似。

7.1.6 入侵检测系统的不足

入侵检测系统存在以下不足。

(1) 入侵检测系统存在漏检率和误检率，它的判断可能是错误的。

(2) 入侵检测系统的实时处理能力是有限的。当需要分析的数据量过大时，入侵检测系统不得不忽略一些数据，或降低分析强度，从而降低检测的准确率。有时，入侵检测系统报警时入侵行为已经发生，造成的损失已无法挽回。

(3) 入侵检测系统本身可能存在安全缺陷。当入侵检测系统被攻破时，它对网络安全性能将起负面作用。

(4) 入侵检测系统的判断建立在充足的、高质量的信息来源的基础上，如果信息源含有大量的干扰数据、数据较少，甚至数据的完整性受到破坏，则入侵检测的准确率会受到较大的影响。

（5）入侵检测系统不是完全智能的，常常需要管理员的参与和配合。

由于入侵检测系统存在以上不足，在实际应用中，入侵检测系统需要与防火墙及其他信息安全设备联合使用。

7.2 入侵检测系统的基本模型

本节介绍对入侵检测系统的发展影响较大的三个入侵检测模型，即入侵检测专家系统模型(IDES)、分布式入侵检测系统模型(DIDS)和通用入侵检测框架(CIDF)。

7.2.1 入侵检测专家系统模型

20世纪80年代中期，Dorothy Denning等提出了入侵检测专家系统(Intrusion Detection Expert System，IDES)。该模型独立于操作系统、应用环境和入侵类型，具有较强的通用性。IDES的思想和技术对后续的入侵检测技术和产品有很深的影响。

IDES的基本思想是监视目标系统上的操作，如登录、执行程序、访问文件和设备等，检查它们是否偏离了正常模式。IDES涉及以下六个主要概念。

（1）主体(subjects)：活动的发起者，通常指用户。

（2）客体(objects)：系统管理的资源，如文件、设备、命令等。

（3）审计记录(audit records)：主体对客体进行操作的记录，如用户注册、命令执行和文件访问等。审讯记录是一个六元组，包括主体、活动、客体、时间、资源使用情况，以及执行活动时产生的异常状况，如删除文件失败。

（4）活动简档(profiles)：使用统计量和统计模型描述主体的正常行为。例如，用某用户每日系统登录次数的均值和方差描述用户的登录模式。一个主体可以有多份活动简档。

（5）异常记录(anomaly records)：当检测出异常行为时产生的记录，内容包括检测出异常的时间以及该异常是基于哪一个活动简档检测出来的。

（6）活动规则(activity rules)：每个活动规则由条件和操作组成。当条件满足时，系统执行相应的操作，如更新活动简档、检测异常行为、产生异常记录等。

如图7.1所示为IDES管理系统的工作原理。IDES管理系统与被监控的系统一般是隔离的，因此被监控系统的性能不会受到IDES管理系统的影响，当被监控系统受到破坏时也不会影响IDES管理系统的安全性。IDES管理系统的典型工作流程如下。

（1）接收被监控系统上传的审计记录；

（2）从活动简档库中读取主体的活动简档，从活动规则库中读取与主体相关的活动规则；

（3）根据活动规则判断是否出现异常事件；

（4）若出现异常，生成异常记录，将记录存入异常记录库；

（5）根据活动规则判断是否向安全管理员报告异常。

在以上流程中，活动规则起着非常重要的作用。IDES的活动规则分成以下四种类型。

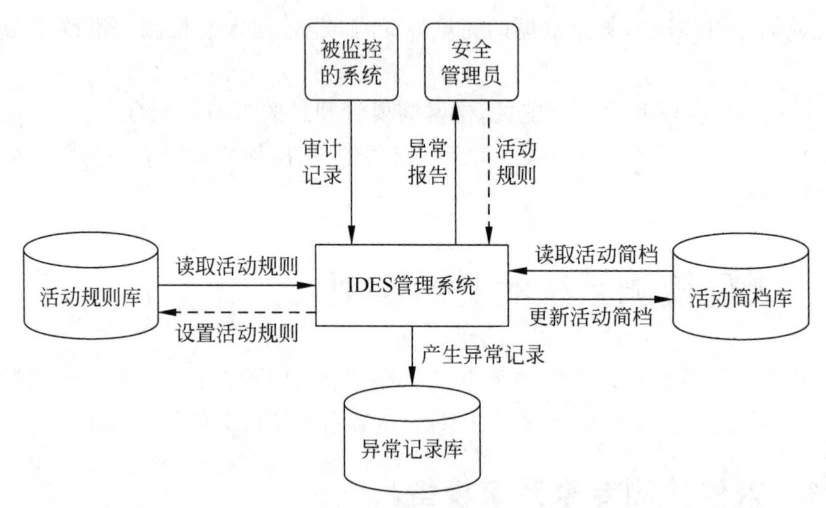

图 7.1 IDES管理系统工作示意图

(1) 审计记录规则(audit-record rule):当出现新的审计记录时,查找与该记录匹配的活动简档、更新活动简档、检测该记录是否代表异常行为。

(2) 周期性的活动更新规则(periodic-activity-update rule):当定时器结束时,系统对过去一段时间产生的审计记录进行处理,更新活动简档并检测异常行为。

(3) 异常记录规则(anomaly-record rules):当异常记录产生时,向安全管理员报告异常情况。

(4) 周期性的异常分析规则(periodic-anomaly-analysis rule):当定时器结束时,产生过去一个时间段的异常总结报告。

由此可见,在两种情况下 IDES 管理系统会自动执行工作。一是每当产生新的审计记录或异常记录时,管理系统就对此记录进行响应;二是每当定时器结束,管理系统就对一段时间内的记录集合进行统计。除此之外,IDES 管理系统也为安全管理员提供了操作界面。通过该界面,安全管理员可以添加新的活动规则,对不合适的活动规则进行修改或删除,或者查询系统的安全状态。

IDES 模型不包含对目标系统的安全机制和安全缺陷的任何知识,因此降低了系统的复杂性,并提高了系统的通用性。IDES 的入侵分析基于正常用户模型,因此它属于异常检测系统。IDES 模型的数据均来自主机,因此它属于基于主机的入侵检测系统。此外,IDES 的所有功能均在一台计算机上实现,因此它属于集中式入侵检测系统。

7.2.2 分布式入侵检测系统模型

单独使用基于主机的入侵检测或基于网络的入侵检测都不够充分。例如,入侵者尝试不同的密码以登录同一台主机,这不会被网络监视器视为恶意操作,但主机检测器会认为这是入侵行为。类似地,当蠕虫导致网络流量异常时,主机检测器可能不会发现异常,但网络监视器能检测出入侵。

分布式入侵检测把基于主机的入侵检测和基于网络的入侵检测结合起来,以弥补各自的不足。分布式入侵检测系统的代表是 Snapp 等在 1991 年提出的 DIDS 模型。它在被检测的各台主机中设置主机代理，同时在局域网中设置一个网络代理，两者分别采集主机日志和网络数据包。DIDS将整个分布式系统看作一台虚拟的计算机，利用一个多层模型将分散在各个主机和网络的底层原始数据转换成具有安全语义的高层信息，从而简化了跨平台的入侵行为检测。

DIDS模型分为六层，自上而下分别是安全状态层、威胁层、上下文层、主体层、事件层和数据层。

第六层：安全状态层。安全状态层位于模型的最高层，它用1～100的数字表示网络的安全状态，数字越大则安全性越低。这种表示方便安全管理员对网络的安全状态有一个整体印象。安全状态的数值根据第五层提供的威胁情况计算。

第五层：威胁层。有三种类型的威胁：滥用、误用和可疑。滥用是指系统的保护状态发生了改变。例如，用户把一个受保护的文件权限改成了人人可写。误用是指不改变系统状态，但违反了安全策略。例如，用户将用户资料复制到个人移动磁盘上。可疑指用户的行为引起检测器的注意，但未违反安全策略。例如，用户多次登录失败。对威胁的判定基于第四层的事件上下文。

第四层：上下文层。上下文指事件发生时所处的环境。上下文分为时间型和空间型两类。例如，某用户总是在上班时间访问文件服务器，但某一天突然在深夜访问。这是时间型上下文的例子。空间型上下文代表了事件的相关性。例如，同一个用户从低安全级别的计算机转移到高安全级别的计算机。上下文层将一系列孤立的事件联系起来，以便于检测器发现安全问题。上下文层的信息来自第三层的主体层。

第三层：主体层。主体层用于表达与同一个用户相关的所有事件。同一入侵者在不同主机上可能使用不同的用户名。例如，以Alice的身份登录第一台主机，以Bob的身份登录第二台主机。分布式入侵检测系统有可能推断出两个用户实际为同一人，并给两个身份赋予同一个网络用户标识号。主体层的信息来自第二层的事件层。

第二层：事件层。事件层对来自第一层的各类数据进行处理，将它们表示成事件。

第一层：数据层。包括来自主机日志文件、网络数据包和其他数据源的原始数据。

7.2.3 通用入侵检测框架

对复杂攻击行为的检测需要入侵检测系统的各个组件相互协作。这些部件可能来自不同提供商，因此需要一个标准来统一各个组件的信息共享。为此目的，Clifford Kahn和Stuart Staniford-Chen等于1998年提出了CIDF(Common Intrusion Detection Framework，通用入侵检测框架)。

如图7.2所示为CIDF的架构图。CIDF包含四个组件：事件产生器、事件分析器、响应单元及事件数据库。组件之间均以gidos(generalized intrusion detection objects，通用入侵检测对象)的形式交换数据。gidos对象采用一种通用格式表示，用于编码各类事实，如在某个时间发生了某个事件、关于一组事件的结论或执行某个操作的指令。四个组件的功能如下。

(1) 事件产生器(E-Boxes)：从环境中采集数据，并将数据转换为gidos供其他组件使用。

(2) 事件分析器(A-Boxes)：接收gidos，通过分析输出结论，最后将结论封装成gidos传给其他组件。分析器可以实现多种功能。例如，分析器可以是一种异常检测工具，它检验当前事件是否偏离了正常行为的统计模型；它也可以是一种误用检测工具，它检查事件序列的模式是否与某个入侵模式相匹配；或者它检查多个事件是否存在因果关系，然后将相关事件组成一个复合事件，供进一步的分析。

(3) 响应单元(R-Boxes)：响应单元接收 gidos，并根据 gidos 中的指令执行操作，如终止进程、重置连接、更改文件权限等。

(4) 事件数据库(D-Boxes)：用于存储事件以供检索。

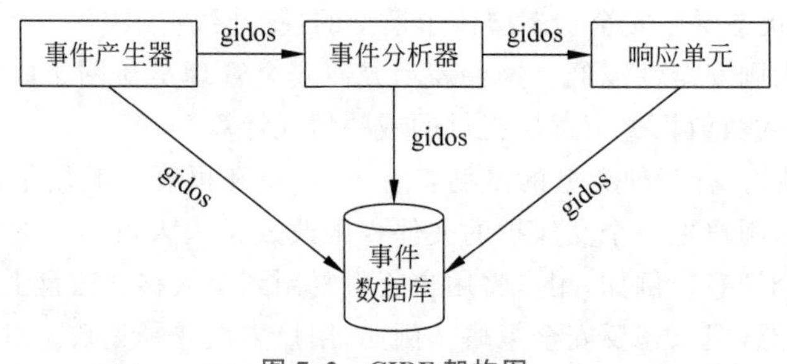

图 7.2 CIDF 架构图

CIDF 的每个组件可以由一台计算机上的单个或多个进程实现，也可以由多台计算机上的不同进程实现。例如，事件产生器可以安装在网络中或不同主机上，事件分析器可以是具有不同检测功能的多个进程。

7.3 入侵检测系统的数据源

数据源在入侵检测系统中扮演着极为重要的角色。因为入侵检测的输出结果依赖于输入数据的数量和质量。如果数据源不全面、不可靠，则检测结果同样不可靠。此外，数据源的类型也会影响入侵检测系统采用何种技术。本节将重点介绍三种数据源，即基于主机的数据源、基于网络的数据源以及应用程序日志文件。最后简要介绍其他数据源。

7.3.1 基于主机的数据源

基于主机的数据源是指从主机操作系统获取的信息，包括以下四类。

1. 系统的运行状态信息

操作系统通常会提供一些命令获取系统运行状态，例如 UNIX 系统有 ps、pstat、vmstat、gertlimit 等命令。这些命令能够提供关于系统事件的关键信息。使用命令的方式提供入侵检测系统需要的数据面临两个困难：①命令是交互式的，它难以连续地提供数据，②命令的输出是非结构化的，入侵检测系统不能直接使用这些输出。

2. 系统的记账信息

记账(accounting)系统收集用户对资源的使用信息，并以此为依据收取费用。从早期开始，各种网络设备、大型主机系统以及 UNIX 工作站均支持记账功能。典型的记账信息包括处理机的使用时间、网络资源、内存资源、磁盘资源的使用情况等。这些信息可以作为入侵检测系统的一个数据来源。

3. 系统日志

系统日志是由操作系统生成的日志。它对于主机的日常管理维护以及追踪入侵者痕迹均有重要作用。例如UNIX的Syslog可为应用提供日志服务，它在应用提供的字符串信息前加入时间戳和应用名称，然后进行本地或远程归档。UNIX上的login、sendmail、HTTP等应用即使用该服务实现日志功能。Windows日志则包含安全性事件、资源使用情况，以及系统和应用程序中发生的错误等记录。系统日志的一个问题是自身的安全性得不到有效保证。例如，有的操作系统没有提供对日志文件的机密性和完整性保护。此外，有的系统日志在设计时没有考虑入侵检测用途，因此它记录的数据可能过于粗略。

4. 安全审计日志

安全审计日志的产生遵循一定的安全管理要求，主要体现在以下两个方面。

(1) 对日志的保护机制更完善：采取了足够的安全措施保护日志文件的安全性。例如对日志记录的访问需要较高的用户权限，日志文件采取了机密性和完整性保护措施。

(2) 日志内容满足安全应用要求：日志记录的信息更全面，能满足安全管理需求。例如，日志内容包含了内存分配、CPU资源占用、系统调用执行的参数等普通系统日志一般不会记录的信息。

由于安全审计日志在采集内容和保护机制的优势，它可作为入侵检测系统一个可靠的数据来源。

7.3.2 基于网络的数据源

基于网络的入侵检测系统主要从网络通信流中采集信息。典型的信息源有网络嗅探器采集的网络数据包和网络管理信息。

1. 网络数据包

网络数据包是网络通信的基本单元，可以采用网络嗅探器进行采集。一个典型的网络嗅探器是以太网网络适配卡(以下简称网卡)。网卡有两种模式：混杂模式和非混杂模式。在正常情况下，网卡采用非混杂模式，它只接受目的地址为自己的数据。当网卡采用混杂模式时，它接受网络中通过的全体数据，从而实现网络数据包的采集功能。

网络嗅探器可以提供关于网络通信的基本信息，如数据发送者和接收者的IP地址、在一段时间内传输的字节数和数据包数目以及其他一些来自底层网络协议的信息。有的网络嗅探器还可以提供高层协议的信息，例如从数据包的载荷中提取与安全威胁相关的内容。

2. 网络管理信息

网络管理信息包括网络设备的信息以及网络通信的信息等。这类信息可以通过SNMP(Simple Network Management Protocol，简单网络管理协议)进行采集。SNMP不仅能提高网络管理效率，还能对网络设备进行实时监控。

SNMP 协议由 SNMP 管理站和 SNMP 代理两部分组成。代理运行在网络的各种被管理的设备上,如路由器、交换机、集线器、工作站、打印机等。代理从设备中收集各种信息,并将这些信息通过网络传递给 SNMP 管理站。管理站收集到的这些信息可以作为入侵检测系统的数据来源。例如,SNMP v1.0 中管理信息库维护的计数器常作为异常检测模型的一个输入特征。

7.3.3 应用程序日志文件

应用程序日志文件由应用程序生成,典型的代表是一些应用服务器,如数据库服务器、Web 服务器产生的日志。由于数据服务器、Web 服务器的广泛使用,其日志文件已成为入侵检测系统的一个重要来源。

应用程序日志文件作为入侵检测数据来源的优势如下。

(1) 能提供高级语义信息。由于应用程序工作在应用层,它能提供用户级别的操作信息,以识别与应用相关的异常模式。而操作系统和底层网络协议不能理解和产生这些信息。

(2) 能及时阻断攻击。如果从应用日志发现了攻击,入侵检测器可立即通知应用程序,后者有立即阻断攻击的能力。

(3) 能分析加密数据。有的网络数据包在网络上传输时已加密,而应用程序可以解密到达的数据包。

应用程序日志文件也有一些不足。

(1) 如果攻击只针对底层协议和代码(如 IP 协议、网卡驱动程序)的漏洞,应用程序一般不能发现攻击事件,因此不会产生日志记录。

(2) 如果记录未能成功写入应用程序日志文件,也无法用于入侵检测。例如,一些拒绝服务攻击可能使应用程序无法生成日志记录。

(3) 为了产生入侵检测系统需要的日志记录,应用程序可能需要额外的处理,从而降低主机或应用服务器的性能。

7.3.4 其他数据源

除了基于主机、网络和应用程序的数据源外,入侵检测系统的其他数据源如下。

(1) 网络设备:如路由器、交换机提供的数据。

(2) 安全设备:如防病毒软件、防火墙以及其他入侵检测系统提供的数据。

(3) 带外(out of band)数据:通常指人工方式提供的数据信息。例如,系统管理员和信息安全专家提供的数据。

7.4 入侵分析的过程与方法

入侵分析是指对信息源中的数据进行处理以发现安全隐患或入侵行为。本节首先介绍入侵分析的过程,然后介绍两个主要的入侵分析方法,最后简要介绍其他入侵分析方法。

7.4.1 入侵分析的过程

入侵分析过程可分为三个阶段：构建分析器、分析数据、更新分析器。

1. 构建分析器

分析器是入侵检测系统的核心部件。但是分析器需要从信息源中的大量数据中构建。构建一个分析器至少需要三个步骤。

1）信息收集

构建分析器的第一步是信息收集。

对于误用检测模型，侧重于收集与入侵行为相关的特征信息，例如关于威胁、系统脆弱性、攻击工具等信息。

对于异常检测模型，侧重于收集正常用户的活动记录。

2）信息预处理

构建分配器的第二步是对收集的信息进行处理，将数据转换成分析器要求的形式。

对于误用检测模型，数据形式取决于分析器采用的技术。例如，分析器采用模式匹配技术，则需要提取入侵行为的特征；分析器采用状态转移方法，则需要提取入侵行为改变的系统状态和用户权限。

对于异常检测模型，用户的活动记录通常用一个向量表示。例如，在 IDES 中，用户活动记录用一个六元组表示。

预处理阶段通常还涉及对收集数据进行过滤和特征选择，其目的是提高分析器构建的效率。

3）分析器构建

分析器是基于大量预处理后的信息构建的，它对入侵或正常行为的表示方法取决于采用的入侵检测方法。例如，对基于状态转移方法的误用检测模型，将每个入侵行为用状态转移图表示；对基于规则的误用检测模型，将每个入侵行为用若干规则表示；对于统计异常检测模型，将正常用户某方面的行为用统计模型表示。

2. 分析数据

给定一个表示用户行为的信息，分析器的分析过程也包括以下三个步骤。

（1）信息预处理：将用户行为信息转换成分析器规定的格式。

（2）入侵检测：对于误用检测模型，将预处理后的信息与入侵行为模型比较，如果匹配成功，则认为该行为是入侵行为；对于异常检测模型，如果预处理后的信息与用户的正常行为有较大偏差，则认为是入侵行为。

（3）产生响应：若检测出入侵行为，则发出警报。

3. 更新分析器

分析器需要不断更新，以识别新出现的攻击方式或者反映不断变化的用户行为。对于误用检测模型，当出现新的攻击方式时，应从中提取出攻击特征并更新入侵模式库。对于异常检测模型，每当出现新的审计记录时，应更新用户的行为模式。

7.4.2　入侵分析的方法

1. 误用检测

误用检测根据已知的入侵模式检测入侵。如果攻击者的行为模式与系统中的模式库相匹配,则认为发生了入侵。由于误用检测方法主要基于信息的匹配,因此该方法的响应速度较快。

常用的误用检测方法包括模式匹配方法、专家系统方法和状态转移方法。

模式匹配方法:将已知的入侵特征转化成模式,存放在模式库中。如果待检测的行为与模式库中的某个模式匹配,说明该行为是入侵行为。

专家系统方法:由安全领域专家产生的对入侵行为的描述,通常是 if-then 样式的规则。其中,if 语句说明入侵的条件,then 语句说明系统应执行的操作。

状态转换方法:使用状态图建模入侵行为的过程。其中每个节点表示系统的状态。Ilgun 等于 1995 年提出的 STAT(State Transition Analysis Tool,状态转移分析工具)是状态转移方法的典型代表。STAT 有包括一个初始状态 S_R 和一个入侵状态 S_c,其他状态称为中间状态。每个状态有一个断言条件(assertion),通常由系统属性或用户权限决定,当一个断言条件被满足时,系统就会从当前状态转移到此断言条件对应的状态。用户行为可能触发系统状态的转移,当系统处于入侵状态时,说明入侵已发生。

下面举例说明 STAT 如何对攻击行为进行建模。在 UNIX 系统中,普通用户可以利用 mail 程序的一个漏洞获取 root 用户特权。利用此漏洞的一个典型的攻击过程由 5 个步骤组成,每个步骤对应一个 Unix 命令。

步骤 1: `cp bin/csh /usr/spool/mail/root`

步骤 2: `chmod 4755 /usr/spool/mail/root`

步骤 3: `touch x`

步骤 4: `mail root < x`

步骤 5: `/usr/spool/mail/root`

其中步骤 1 将 csh 这个 shell 程序复制到/usr/spool/mail/下,并重命名为 root。这个新命名的 shell 程序是整个攻击的关键对象,此处简称为 object。注意/usr/spool/mail/是 mail 程序默认查找邮件的目录。步骤 2 将 object 的 setuid 权限设置为 enabled,从而使攻击者可以改变 object 的所有者。步骤 3 创建一个空白消息 x。步骤 4 利用 mail 程序将消息 x 发送给 root 用户。这个命令将触发 mail 程序的一个漏洞,使 object 的所有者变成 root 用户。步骤 5 运行 object,从而使攻击者获得了一个拥有 root 用户权限的 shell。

该攻击过程可以用 STAT 方法表示,如图 7.3 所示为对应的状态转换图。

mail 攻击的状态转换图包含 4 个状态。攻击者未执行任何命令时系统处于初始状态 S_R,对应的断言条件是 object 不存在。当攻击者执行步骤 1 后,object 被创建,系统状态变为 S_1,对应的断言条件是 object 的 setuid 属性为 disabled,所有者属性为 attacker 用户。当攻击者执行步骤 2 后,object 的 setuid 属性被改变,系统状态变为 S_2,对应的断言条件是 object 的 setuid 属性为 enabled,所有者属性为 attacker 用户。最后,当攻击者执行步骤 4 后,object 的所有者属性被改变,系统状态变为入侵状态,对应的断言条件是 object 的

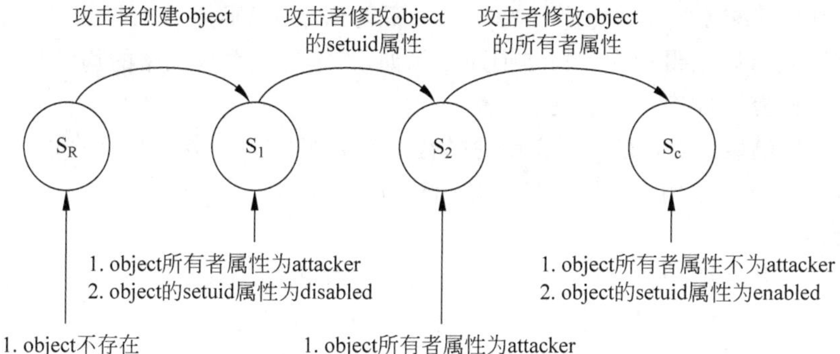

图 7.3　mail 攻击的状态转换图，object 表示/usr/spool/mail/root

setuid 属性为 enabled，所有者属性不为 attacker 用户。

注意状态转换图没有包含步骤 3 和步骤 5 的影响。这是因为即使没有步骤 5，系统也已被入侵。因为执行步骤 4 后，系统存在一个不是由 root 用户创建但是其所有者却为 root 用户的文件，这违反了系统的安全策略。而步骤 3 没有影响系统的属性和用户权限，因此不会改变系统状态。事实上，步骤 3 的功能也可用其他命令实现。正是通过将具体的命令序列抽象成状态图，STAT 实现了一种更灵活的攻击建模方式。

2. 异常检测

异常检测的基本原理是建立一个用户的正常行为轮廓，然后将待检测的用户行为与该轮廓进行对比，如果偏差较大则认为发生了入侵。

异常检测假设用户的行为具有可预测的、前后一致的模式。例如，某用户一般在早上 8 点到下午 5 点之间使用办公室电脑，登录时很少输错密码。如果该用户某次在晚上 11 点访问办公室电脑，且登录时连续输入了 5 次错误的密码。由于该行为与用户的正常行为偏差较大，有理由怀疑它是入侵行为。

常见的异常检测方法包括基于规则的方法和基于统计的方法。

(1) 基于规则的方法：基于规则的方法使用规则表示用户的行为模式。通过将待检测的当前行为与规则集进行匹配，来判断它是否与历史行为模式相符合。此方法建立在对用户历史行为观察之上，并假设用户的行为是一致的，即未来的行为与过去的行为没有大的变化。该方法的关键是可以根据历史审计记录自动化地产生规则。因为要确保该方法的有效性，通常需要一个庞大的规则集。例如，有的系统包含的规则数目为百万级别。这些规则不可能全部由人工产生。

(2) 基于统计的方法：又称统计异常检测。该方法根据大量合法用户的行为建立统计模型，利用该模型对待检测的行为进行统计测试，即估计待测行为是正常行为的概率。若概率过小，则判断此行为是入侵行为。

Dorty Denning 在 1987 年提出了 5 个基于统计的异常检测模型。

(1) 操作模型：该模型确定一个范围，当检测量超出此范围则认为是入侵行为。例如，在短时间内读写文件失败的次数过多，则用户可能一直试图访问未授权文件；被多次拒绝执行某个文件，则用户可能一直试图取得高级权限。

(2) 均值与标准差模型：均值反映行为的平均水平，标准差反映行为的变化程度。利用均值和标准差可以获得行为的粗略描述。例如，给定每天登录频率的均值和标准差，可以判断当前用户的登录频率是否过高。

(3) 多变量模型：建立在多个变量的联合概率分布之上。多个变量的联合可用于更准确地定义入侵者行为。例如，登录时间与密码重试次数的联合，处理器资源消耗与文件操作次数的联合。

(4) 马尔可夫模型：马尔可夫模型可以表示成一个图(graph)。其中，节点表示状态，边表示状态之间的转移，边的权重代表从起点状态转移到终点状态的概率。马尔可夫模型可以更精细地建模用户的行为。例如，它可以表示正常用户从一个操作转换到另一个操作的概率。

(5) 时间序列模型：时间序列由一连串的事件构成。利用时间序列模型可发现过快或过慢的事件序列。

异常检测方法有两个突出的优点：①该方法不需要安全漏洞方面的知识，它的实现与系统特征和脆弱性无关，因此可广泛用于各类系统；②该方法可以用于检测未知的攻击，只要攻击模式与正常行为模式有较大的偏离。

异常检测的缺点是漏检率较高。因为少数入侵行为可能与正常行为相似，而入侵者也可能伪装自己的行为以躲过检查。

3. 其他检测方法

除了基于误用检测和异常检测的方法外，其他常见的入侵检测方法有三类。

(1) 完整性检测方法：通过检查文件或对象是否被篡改来判断是否出现过入侵。由于系统中的对象数目过多，该方法一般用于离线检测。

(2) 协议分析方法：该方法利用网络协议的高度规范性识别攻击数据包。协议分析方法能够精准地定位攻击检测的目标域、识别攻击特征，从而提高攻击测试的检测效率与准确性。对于较复杂的攻击，通过在协议分析方法的基础上引入状态转移分析技术，可以降低误报率。

(3) 基于机器学习的方法：利用机器学习技术检测用户行为是否为入侵行为，采用的技术包括监督学习、无监督学习和强化学习技术。机器学习从训练数据集中学习，自动构建入侵分析器。与误用检测模型和异常检测模型不同，机器学习技术可以同时使用正常行为和入侵行为两类数据训练入侵分析器。

7.5 入侵检测中的对抗

1980 年 James Anderson 在技术报告《计算机安全威胁的监控》中提出了入侵检测的概念，这份报告被认为是入侵检测技术的开山之作。1984—1986 年，乔治敦大学的 Dorothy Denning 和斯坦福研究所计算机科学实验室(SRI/CSL)的 Peter Neumann 设计并实现了入侵检测专家系统 IDES，它是一个基于统计分析的异常检测 IDS 系统。1988 年 5 月，加州大学戴维斯分校的劳伦斯利弗莫尔国家实验室承接了一项名为 Haystack 的研究课题，为美国空军基地开发了一套新型的 IDS 系统。Haystack 系统是第一个采用误用检测技术的 IDS 系统，它通过与已知攻击模式进行比较来判断是否存在入侵。

1988年11月，Morris蠕虫感染了Internet上近万台计算机，给许多拥有计算机的机构造成重大损失。该网络安全事件引起了军方、企业和社会的高度重视，促使政府和学术界投入大量资金和时间开展IDS系统的研究和开发。

早期的IDS系统基于单个主机中的事件检测入侵行为，这类基于主机的IDS系统无法检测出一些特殊的入侵行为，如基于非法数据包的攻击、利用网络协议漏洞的攻击等。1990年加州大学戴维斯分校的Heberlein等开发出了网络安全监控器(Network Security Monitor，NSM)，这是第一个基于网络的IDS系统。然而，单独使用基于主机的入侵检测或基于网络的入侵检测都存在不足。1991年，Snapp等开展了分布式入侵检测系统(Distributed Intrusion Detection System，DIDS)的研究。该系统利用Haystack系统采集主机上的数据，利用NSM系统监控网络数据，两类系统都会将数据送往中央数据处理系统进行入侵分析。DIDS通过分布式方式综合了两类入侵检测系统的优点，是IDS发展历史的一个重要里程碑。

计算机网络的快速发展也促使入侵检测技术不断升级，IDS需要适应大规模网络和高速网络的入侵检测需求。20世纪90年代末，加州大学戴维斯分校发布了GRIDS系统，将入侵检测技术扩展到了大规模网络环境中。1999年，美国洛斯阿拉莫斯国家实验室的Vern Paxson开发了Bro系统，可实现了高速网络环境下的入侵检测。

进入21世纪，蠕虫和木马的泛滥给网络安全带来了巨大的挑战。这些频繁出现的攻击手段常常引发IDS系统的漏报或误报。例如，攻击者对已知的蠕虫或木马进行伪装和修改，使IDS系统无法检测出这些恶意代码，从而出现漏报。攻击者利用虚假攻击使系统产生大量误报，诱导安全管理员关闭部分检测模块而忽略真正的攻击。机器学习技术能够从大量数据集中学习有用的信息，并自动构建入侵检测模型。研究和实践表明，通过将机器学习技术引入IDS系统，可以有效地降低了入侵检测的误报率和漏报率。

IDS系统还可能受到拒绝服务攻击和逆向工程攻击。这里的拒绝服务攻击不是针对网络，而是直接针对IDS系统。例如，攻击者产生一种具有复杂模式的数据流量，IDS系统在检测这些流量时需要耗费大量时间，从而造成IDS系统过载而无法正常工作。逆向工程是指攻击者利用攻击推测IDS系统的工作机制。例如，攻击者向目标系统发起攻击，利用IDS系统的响应方式推测其采用的检测特征和检测算法。

入侵检测系统可用于检测入侵行为，但是仅靠入侵检测系统不能阻断攻击。21世纪初，入侵防御系统(Intrusion Prevention System，IPS)开始进入市场。IPS是指能够检测到攻击行为并有效阻断攻击的硬件和软件系统。入侵防御系统吸取并融合入侵检测和防火墙技术，当发现攻击后能通过防火墙等安全设备实施有效的阻断，从而保护目标网络或主机不受损害。

近年来，随着可用数据的快速增长和深度学习技术的成功，IDS系统也开始采用深度学习技术提高入侵检测效果。深度学习是一种基于人工神经网络的机器学习技术。与一般的机器学习技术相比，深度学习不需要人工设计模型特征。当数据量充足时，深度学习往往能取得较高的准确率。但是基于深度学习的IDS系统易受到“数据中毒”(data poisoning)攻击。数据中毒攻击将精心设计的错误数据插入到训练数据集中。当检测模型训练完成并部署到IDS系统后，可能无法识别一些特定的攻击行为。为了防止数据中毒，模型训练者应对训练数据的可靠性进行检查。

7.6 入侵检测项目

1. 项目概述

本项目利用机器学习技术判断网络数据包是否代表入侵行为。项目对抗包括三轮,在各轮活动中,两个小组通过不断提高入侵检测模型的准确性和计算效率进行对抗。在第一轮,双方利用基本的机器学习分类算法建立入侵检测模型;在第二轮,双方引入更多的机器学习技术改进入侵检测模型;在第三轮,双方查阅参考资料、提出新想法并反复试验,构建出更加高效和准确的入侵检测模型。

2. 能力目标

(1) 能够从数据包的原始特征中选择或构造重要的特征。
(2) 能够根据多个机器学习模型的评价指标选择表现最佳的模型和超参数。
(3) 能够检索和学习参考资料并改进模型的准确率。
(4) 能够编写程序实现机器学习模型。
(5) 能够撰写项目报告详细正确地描述实验过程和技术细节。

3. 项目背景

某公司是一家电子商务公司,每天处理大量的电子订单,涉及顾客个人信息、账户信息和交易记录等信息。某犯罪集团试图窃取这些信息,采用多种手段对公司进行网络攻击。公司注意到这一现象,决定邀请两家网络安全服务公司 A 机构和 B 机构参与竞争。为了检测两家机构的技术水平,公司向他们开放了一部分入侵检测数据集,并约定在测试集上准确率最高的机构将成为最终的安全服务商。

4. 评分标准

学生的项目成绩由三部分构成:
(1) 实验得分。由每一轮的实验结果即准确率决定。
(2) 能力得分。根据学生在实验过程中展现的专业能力决定。
(3) 报告得分。由项目报告的质量决定。

5. 小组分工

项目由两个小组开展竞争,以实现较高的入侵检测准确率。各组人数应大体相当,每组可包含 1～4 人。分工应确保每个组员达到至少 3 项能力目标。

两个小组采用相同的训练集,测试集由第三方选择和保留。

6. 基础知识

项目需要的基础知识包括。
(1) 入侵检测的基本知识。

(2) 机器学习技术的基本知识和基本模型。

(3) 程序编写知识。

7. 工具准备

(1) 入侵检测数据集,如KDD99、UNSW-NB15、CIC-IDS-2018等。

(2) 编程工具和环境,如Python编程语言的集成开发环境。

(3) 机器学习库或框架,如Scikit-learn、PyTorch或TensorFlow库。

8. 实验环境

本项目需要两台计算机,双方各一台,并配置好集成开发环境。

9. 第一轮对抗

1) 对抗准备

双方下载同一数据集,其中测试集由第三方保留,训练集交给双方。双方可选择常见的机器学习分类模型(如逻辑回归、朴素贝叶斯、决策树、支持向量机等)训练出入侵检测模型。

2) 对抗过程

双方在测试集上运行各自的入侵检测模型,并输出模型的准确率。

3) 对抗得分

模型准确率越高则得分越高。具体分值可由双方在对抗前商议确定。

10. 第二轮对抗

1) 对抗准备

在第一轮模型的基础上,双方可对机器学习模型进行改进,以提高入侵检测的效率和准确率。可采用的方法包括数据增强、特征工程、集成学习、超参数调整、目标函数设计等。

2) 对抗过程

双方在限定时间内完成对测试集中的样本进行预测,并统计模型的准确率。

3) 对抗得分

(1) 模型运行时间超过限定时间得0分。

(2) 在限定时间内,模型准确率越高则得分越高。

注:第(1)部分中的限定时间及第(2)部分的具体分值可由双方在对抗前商议确定。第二轮的总分值应高于第一轮。

11. 第三轮对抗

1) 对抗准备

双方对前一轮的实验结果进行分析,查阅资料以提高现有模型的计算效率和预测准确率。

2) 对抗过程

与第二轮相同。

3）对抗得分

得分主要由两方面决定：

(1) 模型运行时间；

(2) 模型准确率。

总分计算方式可由双方在对抗前商议确定。第三轮的总分值应高于第二轮。

7.7 参考文献

[1] 张勇东,陈思洋,彭雨荷,等.基于深度学习的网络入侵检测研究综述[J].广州大学学报(自然科学版),2019,18(03)：17-26.

[2] 张然,钱德沛,张文杰,等.入侵检测技术研究综述[J].小型微型计算机系统,2003(07)：1113-1118.

[3] 曹元大,薛静锋,祝烈煌.入侵检测技术[M].北京:人民邮电出版社,2007.

[4] 王振东,张林,李大海.基于机器学习的物联网入侵检测系统综述[J].计算机工程与应用,2021,57(4)：18-27.

[5] 张昊,张小雨,张振友,等.基于深度学习的入侵检测模型综述[J].计算机工程与应用,2022,58(6)：17-28.

思考题

1. 什么是入侵检测系统？它的主要作用有哪些？存在哪些不足？
2. 评价入侵检测系统的3个主要性能指标是什么？
3. 入侵检测过程包括哪几个阶段？
4. 根据不同的分类依据,入侵检测系统可分为哪些类型？
5. 简要描述本章介绍的三个入侵检测系统模型。
6. 入侵检测系统有哪几种数据源？各自的典型代表是什么？
7. 在入侵分析中,构建分析器至少需要哪几步？
8. 什么是误用检测？其优缺点是什么？试描述两种误用检测方法。
9. 什么是异常检测？其优缺点是什么？试描述两种异常检测方法。

第3篇

拓展篇

第 8 章

其他网络安全技术

CHAPTER 8

本章首先介绍两类网络安全威胁，即恶意软件和高级持续性威胁，然后介绍人工智能技术在网络安全中的应用。

8.1　恶意软件的威胁与防御

8.1.1　概述

恶意软件是计算机系统和网络面临的最大威胁之一。恶意软件是指违背用户意愿安装的、对计算机系统或网络的机密性、完整性或可用性造成破坏的软件。计算机病毒是日常生活中最常听到的网络安全术语之一,甚至已成为恶意软件的代名词。例如特洛伊木马、蠕虫也被常称为病毒。其他常见的恶意软件还包括僵尸程序、后门程序、逻辑炸弹、钓鱼网站、移动代码等。

根据不同的标准,恶意软件可分成不同的类型。

(1) 目标：恶意软件在设计时具有特定目标,例如僵尸程序的目标是接受远程主机的控制,间谍软件的目标是窃取信息,广告软件的目标是显示广告。

(2) 宿主：根据是否需要宿主,恶意软件可分为寄生软件和独立软件。例如,病毒、逻辑炸弹是寄生软件,而蠕虫、木马、僵尸程序则是独立软件。

(3) 传染性：恶意软件可能具有传染性。例如,病毒、蠕虫、僵尸程序具有传染性,而木马、逻辑炸弹、钓鱼网站则没有传染性。

恶意软件一般具有两个重要的属性。

(1) 感染机制：指恶意软件感染受害者的手段和途径。感染机制使恶意软件能从攻击者到受害者,或从一个受害者到其他受害者进行传播和运行。攻击者需要在感染速度和隐蔽性之间取得平衡,既要尽可能多地感染受害者,又要避免因感染速度过快而被提前发现。典型的感染机制包括利用可执行程序(如病毒)、利用漏洞(如蠕虫)、利用人的弱点(如钓鱼网站)等。

(2) 破坏行为：指恶意软件感染受害者后如何开展破坏活动。典型的破坏行为包括伪装自己、维持并提升权限、修改文件,攻击其他系统等。

尽管恶意软件早期通常使用一种感染机制和特定的破坏行为,随着技术的发展和可用资源的丰富,目前的恶意软件多采用混合攻击,即综合运用多种传播机制和破坏行为,从而最大化传播范围和攻击效果。许多恶意软件支持自我更新机制,以逃避检测或扩大感染范围。本节先介绍恶意软件的感染机制和破坏行为,然后介绍恶意软件的防护措施。

8.1.2　恶意软件的感染机制

1. 病毒的感染机制

计算机病毒是一种通过改变宿主以实现自我复制能力的程序。最典型的宿主是可执行程序,而典型的改变方法则是在其中插入代码。通过依附于可执行程序,计算机病毒可以执行该程序有权限的任何操作,例如访问数据、删除文件、把自己复制到其他文件中。

计算机病毒的生命周期一般可分为4个阶段。

(1) 潜伏阶段：在这个阶段中,病毒不执行操作,而是等待被某些事件激活。

（2）感染阶段：病毒在其他宿主中插入自己的副本。被感染的宿主会传染更多宿主，从而使病毒快速传播。

（3）触发阶段：病毒在这一阶段中将被激活以执行其预先设定的任务。

（4）执行阶段：病毒执行任务以实现其预定功能。这些功能通常具有破坏性，比如窃取信息、修改文件或让系统失去可用性。

计算机病毒一般具有以下特点。

（1）可执行性：计算机本质上是一段可执行代码，通过执行代码感染其他宿主或进行破坏活动。

（2）传染性：计算机病毒是一种具有自我复制能力的代码。病毒可以感染程序或其他文件。当这些文件存储在软盘、光盘、磁盘等移动介质上，或者通过网络、电子邮件进行传播时，还可以感染其他主机。

（3）潜伏性：计算机病毒感染其他宿主后通常不会立刻爆发，而是潜伏下来，在特定的条件下才执行破坏活动。这些触发条件包括时间、访问次数、文件类型或其他操作和事件等。

（4）破坏性：计算机病毒在感染的过程中破坏了系统的完整性。它一般还会对系统的可用性造成不同程度的影响，例如占用系统的内存、磁盘和 CPU 资源，严重时可能导致系统崩溃。

（5）隐蔽性：通常来说，计算机病毒会通过多种手段将自己伪装成正常程序，从而避免被用户或防病毒软件发现。

（6）变异性：计算机病毒会自动地或在设计者的干预下不断变异和升级，以规避计算机防病毒软件的检测。

计算机病毒早期在恶意软件中占主导地位，原因之一是当时的操作系统缺乏访问控制管理。这使得病毒可以感染任意的可执行程序。随着操作系统更加严格地访问控制管理，传统病毒的传染能力得到有效控制。这导致了宏病毒的发展，它在文档中嵌入可执行代码。根据感染目标的不同，计算机病毒可分为以下四类。

（1）可执行程序病毒：病毒隐藏在可执行程序中，当程序执行时进一步感染其他可执行程序。

（2）引导扇区感染病毒：病毒隐藏在软盘或硬盘的引导扇区。当操作系统从包含这种病毒的磁盘启动时，病毒将获得系统控制权并感染更多磁盘。

（3）宏病毒：病毒隐藏在文档支持的宏命令中。宏最早出现在 Office 文档中。它是微软公司为其 Office 软件包设计的一项特殊功能。宏利用简单的语法把常用的动作写成代码或指令，从而完成特定的任务，实现一定的自动化功能。隐藏在宏中的病毒即为宏病毒。由于 Office 文档的普遍性及跨平台性，宏病毒具有传播速度快、多平台感染的特点。某些阅读软件支持 PDF 文档的宏功能，这使得宏病毒也可以感染 PDF 文档。

（4）混合型病毒：这类病毒可感染多种类型的宿主，因此具有更强的感染能力。

为了躲避防病毒软件的检测，病毒采用了多种隐藏或伪装技术。根据隐藏技术的不同，病毒可分为以下几类。

（1）加密病毒：病毒在复制自己副本时会产生一个随机密钥，并对副本部分内容加密。由于每次采用的密钥不同，病毒的代码没有固定模式，从而躲过检测。通常密钥会随副本一起转移，病毒在工作前可利用该密钥恢复代码。

(2) 压缩病毒：病毒在创建副本时对其进行压缩，从而逃避防病毒软件的检测。在工作前病毒可通过解压的方式恢复自己。

(3) 多态病毒：病毒在每次感染时表现为不同的形态，从而使依靠病毒特征码发现病毒的方法失效。

(4) 变形病毒：变形病毒通过改写自身代码进行变异，从而增加检测难度。变形病毒既可以改变其外观，也可改变其行为。

2. 蠕虫的感染机制

蠕虫是一种利用系统漏洞、通过网络对自己进行复制的程序。它通常会主动地寻找更多目标主机进行感染，具有传播速度快、破坏性强的特点。

蠕虫一般通过网络进行传播，可能的途径如下。

(1) 电子邮件或即时通信软件：将副本作为电子邮件附件发送给其他地址，或者通过即时通信软件将副本作为文件发送。当附件或文件被接收或打开时运行程序。

(2) 文件共享：利用远程文件访问或网络文件传输服务将副本从一个系统复制到其他系统。当系统用户接收文件时会执行这些蠕虫。

(3) 远程执行功能：利用远程执行功能直接在其他系统上执行副本，例如使用远程可执行工具。

(4) 远程登录能力：蠕虫以用户的身份登录一个远程系统，利用命令将副本复制到远程系统中，然后运行副本。

(5) 网络数据包：蠕虫向目标主机发送特殊构造的数据包，利用主机的漏洞获取执行代码的权限，然后运行副本。

与病毒相似，蠕虫具有传染性，其典型的生命周期也分为潜伏、传播、触发和执行四阶段。然而，两者在其他方面存在较大的差异，如下。

(1) 宿主：病毒需要宿主，而蠕虫是独立的程序。

(2) 传染形式：病毒主要通过文件传染，蠕虫主要通过网络传染。

(3) 触发方式：病毒是条件触发，蠕虫是主动传染。

(4) 影响范围：病毒主要影响本地对象，蠕虫主要影响远程对象。

从以上差别可以看出，蠕虫在传染能力方面通常强于病毒。

在传播阶段，蠕虫首先在网络中搜索存在感染可能性的大量主机，该过程又称为扫描。蠕虫可以采用以下的扫描策略。

(1) 随机扫描：随机产生 IP 地址，并尝试感染。该方法会导致较大的网络流量，从而引起网络管理员的警觉。

(2) 共享列表：攻击者编制一个可供感染的主机列表，该列表在扫描过程中逐渐扩充。当编制完成后，将列表上的地址分配给已经感染的主机，由它们分别实施感染。该方法提高了扫描的隐蔽性。

(3) 内部信息：使用已感染主机包含的其他主机的信息，如地址簿、信任主机、好友列表中的主机。

(4) 本地子网：如果一台主机被感染，将位于同一子网的其他主机作为潜在的扫描对象。

下面以 SQL Slammer 为例说明蠕虫的典型工作流程。SQL Slammer 于 2003 年 1 月 25 日爆发，全球约有 50 万台服务器被攻击。

SQL Slammer 随机产生 IP 地址，并向这些 IP 地址发送数据包。如果该 IP 地址恰好是一台运行着未打补丁的 SQL Server 服务器，则会因缓冲区溢出攻击被蠕虫控制。具体过程如下。

步骤 1：发送 UDP 包到一个 SQL Server 服务器。

步骤 2：该数据包利用缓冲区溢漏洞控制服务器。

步骤 3：产生一个随机 IP 地址。

步骤 4：回到步骤 1。

在测试中发现，若某个网络有一台机器被感染，则该网络中每台机器每秒钟可收到近千个 UDP 数据包。由于发送的数据包占用了大量带宽，实际形成了 UDP flood 拒绝服务攻击。一个百兆带宽的网络中如果有一两台机器被感染，很快就会出现网络拥塞。据称，SQL Slammer 蠕虫在十分钟内感染了超过 7 万台计算机。

3. 其他感染机制

特洛伊木马软件(以下简称木马软件)是一种伪装程序，表面上可实现用户需要的功能，实际却暗中执行一些恶意操作。例如，一个木马软件表面上是一个游戏软件、即时通信软件或文档处理软件，实际却可能在窃听用户口令或修改系统文件。当木马软件伪装成另一个软件时执行恶意操作时，它可以采用三种模式：

(1) 用恶意操作完全代替另一个软件的功能。

(2) 修改另一个软件的功能以实现恶意的操作，例如在验证口令时窃取用户口令。

(3) 继续执行另一个软件的功能，同时执行独立的恶意操作。

木马软件可采用病毒或蠕虫进行传播，也可采用其他传播方式。一种被攻击者经常使用的方法为社交工程，它利用人的弱点入侵计算机系统或网络。下面是攻击者利用用户粗心或轻信的弱点欺骗其安装木马软件的一些例子。

(1) 利用网站：钓鱼网站和水坑攻击是两种利用网站的传染机制。在钓鱼网站攻击中，攻击者将网站伪装成一个用户使用的网站，如银行网站，欺骗用户下载木马软件。水坑攻击是一种针对特定受害人的攻击。攻击者分析受害人的上网规律，寻找其经常访问的网站的漏洞，利用该漏洞将木马软件嵌入网站中，或者修改网站中的链接指向第三方网站的下载地址。当受害人点击该网站时，木马软件即被下载安装到其计算机上。

(2) 利用用户界面：攻击者将用户界面的一些元素(如按钮)隐藏起来，表现上用户单击的是一个按钮，实际单击的是隐藏的按钮，从而使用户下载木马软件，该方法又称为单击劫持。

(3) 利用电子邮件：攻击者向用户发送电子邮件，里面包括网页链接，引导用户进入钓鱼网站，或者直接下载木马软件。鱼叉攻击是一种针对特定目标的攻击手法，它使用个性化的电子邮件来诱骗特定的个人或组织。例如，它可能利用收件人的个人信息来增加成功的机会，使其相信该邮件不是垃圾邮件或非法邮件。

(4) 利用电话：攻击者给用户打电话，自称来自企业呼叫中心，指出用户电脑存在安全隐患，欺骗用户下载并安装木马软件。

除了社交工程外,木马还可通过其他方式进行传播,下面举一些常见的方法。

(1) 恶意移动代码:可从一个系统移动到另一个系统中执行的代码。JavaScript 是一种典型的移动代码,它可以通过网络从服务器移动到用户的浏览器上执行。其他移动代码还包括 Active X、Java Applet、VBScript 等。若移动代码是木马软件,则木马可以从一台主机移动到另一台主机。

(2) 流量劫持:攻击者在受害人主机所在网络部署硬件设备,劫持网络流量,用木马软件替换常用软件(如输入法软件、聊天软件、影音软件、安全软件、操作系统)的更新程序。当受害人进行软件升级时,实际安装了木马软件。

(3) PC 跳板攻击:木马软件先控制个人计算机,当智能手机通过 USB 接口或其他方法连接到计算机时,木马软件自动下载到智能手机上。

事实上,以上感染机制不只限于木马软件,它们也可以用于传播其他恶意软件,或者直接用于从事破坏活动。例如钓鱼网站可用于获取用户的登录口令。

8.1.3 恶意软件的破坏行为

当恶意软件通过感染机制到达目标后,通常会执行若干破坏行为。以下描述一些常见恶意软件的破坏行为。

(1) 勒索软件:该恶意软件对用户数据进行加密,要求用户支付一定的费用以获得恢复数据的密钥。WannaCry 是勒索软件的一个典型例子。2017 年 5 月 12 日,WannaCry 利用 Windows 操作系统的漏洞感染了大量的计算机。该软件对计算机中的文件进行加密,并提示受害者支付比特币以获得密钥。据报告,100 多个国家和地区超过 10 万台电脑遭到了 WannaCry 的攻击和感染。

(2) 远程控制设备:该软件接受攻击者通过网络发送的指令并在本地执行。许多木马软件同时也是远程控制设备。

(3) 僵尸程序:第 5 章曾介绍过僵尸程序,它的目的是协助攻击者构建僵尸网络。僵尸程序通常也是远程控制设备,但僵尸程序最主要的特点是分布在成百上千的计算机中,并组成僵尸网络以实施拒绝服务攻击或其他恶意操作。

(4) 间谍软件:间谍软件主要用于窃取信息,例如获取用户计算机上的机密文档或电脑配置信息等。

(5) 键盘记录器:该软件记录用户的键盘输入。特别地,它可以识别用户输入的口令,并将其发送给攻击者。

(6) 广告软件:该软件向用户显示大量广告,或者显示指向商务网站的链接。

还有一类恶意软件表面上没有破坏行为,只是隐藏自己的存在,但实际上违反了系统的安全策略,并且具有实施破坏的潜力。这类恶意软件的代表是后门和隐匿程序。

后门又称陷门,是指程序的秘密入口。它使得攻击者可以绕开访问控制机制而直接访问程序。后门显然违背了用户的意愿和安全策略。

隐匿程序一般具有管理员的权限,它通过修改系统以隐藏自身的存在。例如,隐匿程序可通过修改计算机的监测机制和日志文件来隐藏自己,因此这种恶意软件很难被发现。Rootkit 是一种典型的隐匿程序,它还能隐藏系统中的其他恶意软件。

8.1.4　防护措施

恶意软件防护是一项复杂的工程，两个关键的防护措施是预防和检测。

主要的预防措施包括培训、权限管理和补丁管理。培训的主要目的是帮助用户树立安全意识，了解常见的恶意软件攻击方式，从而防止攻击者利用社交工程传播恶意软件。培训也可以帮助用户养成好的安全习惯，熟练使用信息安全工具，从而降低恶意软件造成的损失。权限管理是为用户、应用程序和文件等设置合理的权限和安全等级，从而限制恶意软件控制和破坏的范围。通过补丁管理，可以确保计算机系统采用最新版本、打完所有的补丁，从而减少系统中潜在的安全漏洞。

检测是另一项重要的防护措施。只有检测出恶意软件，才能进一步识别具体类型、消除恶意软件带来的负面影响并将其从系统中彻底清除。恶意软件的检测方法可分为静态检测和动态检测两大类。静态检测是指软件在未运行的情况下，根据软件包含的内容进行检测；动态检测则是让软件运行后，根据其行为或运行结果进行检测，因此又被称为行为特征检测法。

静态检测主要分为基于特征码的检测以及基于代码语义的扫描。

基于特征码的检测方法通过对比数据库中的特征码来识别恶意软件，它是一种简单高效、应用广泛的恶意软件检测方法。特征码是从恶意代码中提取的有代表性的代码或指令，可用于区分正常软件和恶意软件。

如图 8.1 所示为基于特征码检测恶意软件的典型过程。当恶意软件感染计算机系统后，安全厂商主动搜集恶意软件样本，对样本进行分析并提取出恶意软件的特征码。安全厂家将特征码加入到恶意软件检测程序的特征码数据库中。当检测程序遇到样本后，通过比较特征码，即可判断其是否为恶意软件。

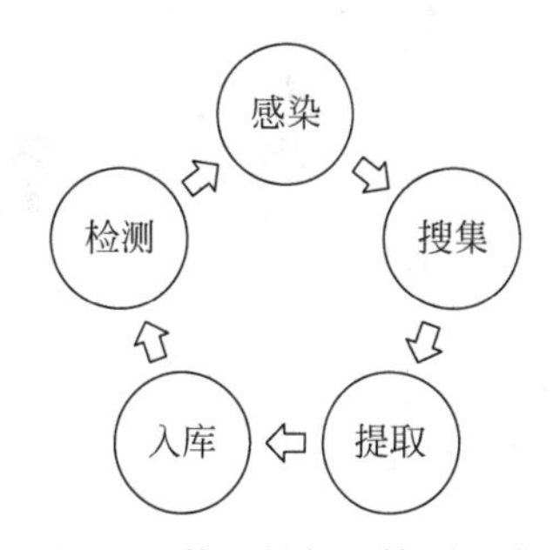

图 8.1　基于特征码检测恶意软件的典型流程

早期的恶意软件数量较少且类型单一，基于特征码的方法取得了较好的效果。随着恶意软件数量的快速增加，且恶意软件不断进行变异和升级，安全厂商需要大量的精力和时间用于搜集和提取特征码。

基于代码语义的检测方法根据程序代码构建函数调用图、数据流图和控制流图等信息。这些信息能反映出软件中函数间的关系、数据流向和程序的执行路径等语义信息，从而推断程序的结构、功能和意图，辅助判定程序是否为恶意软件。

由于攻击者可以通过多种方法修改其代码及代码模式，静态检测可能会漏掉一些恶意软件，或者将正常软件误判为恶意软件。鉴于恶意软件的本质是其破坏行为，因此可基于恶意软件的行为进行检测。基于行为的扫描方法一般将恶意软件样本置于一个与系统隔离的沙盒(sandbox)中，通过观察监控恶意程序的行为及其运行结果判断是否为恶意软件。这些行为如下。

(1) 尝试打开、浏览、删除或修改文件。

(2) 尝试格式化磁盘驱动器以及其他不可恢复的磁盘操作。

(3) 修改可执行文件和宏文件。

(4) 修改操作系统的关键设置,比如启动设置。

(5) 尝试通过电子邮件和即时信息客户端发送可执行代码。

(6) 初始化网络通信。

对恶意软件的检测可以部署在多个位置。如图 8.2 所示为检测恶意软件的三个位置。

(1) 主机扫描。第一个扫描位置是终端系统,这个位置可运行反恶意软件的程序,它可以搜集到关于恶意软件与系统交互的较全面的信息,也可以快速反馈。

(2) 边界扫描。第二个位置是防火墙或路由器,它们一般部署在子网的边界上。防火墙和路由器可以观察内部网络的通信状况,也可对入口流量和出口流量进行检测。例如,蠕虫一般会造成内网通信流量的急剧上升,边界扫描可以快速发现这一现象。

(3) 分布式扫描。第三个位置来自各个网络中的分布式嗅探器。这些嗅探器实际也是主机或网络边界设备,但是通过分布式部署可广泛地搜集恶意软件的活动。中央分析系统接收来自主机和边界设备的数据,进行恶意代码分析。如果发现恶意代码,则生成其特征码和行为模式,并发给终端系统。这使终端系统、边界设备和中央分析系统能联合起来防御恶意软件。

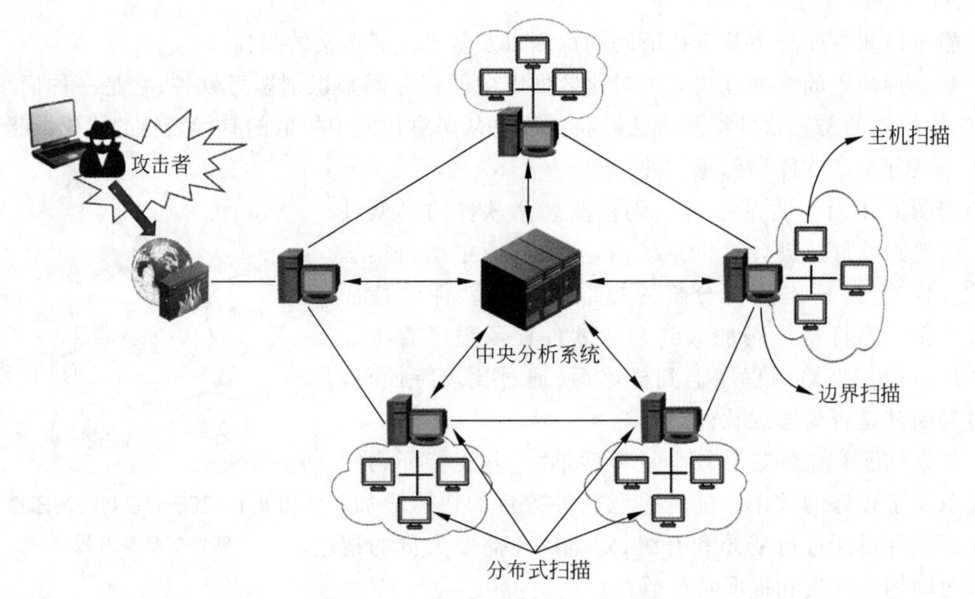

图 8.2 检测恶意软件的三个位置

8.2 高级持续性威胁及其防御

8.2.1 概述

高级持续性威胁(Advanced Persistent Threat, APT)是由具有先进技术和丰富资源的组织针对特定目标开展的长时间、多阶段的综合性攻击。APT 的主要攻击对象为政府、军事机构、金融组织、科研机构等高价值机构,典型的攻击目包括盗窃知识产权、获取重要情报、控制重要系统、实施大面积破坏等。APT 的主要特征可以反映如下。

(1) 先进性：攻击过程中使用了综合、高级、复杂的攻击技术。攻击者能熟练运用各种攻击手法和技术、能利用未公开的漏洞，也能自己开发定制化的攻击工具。

(2) 持续性：攻击过程持续了较长的时间。攻击者会选择特定的攻击对象，制定明确策略，渗透到网络内部后仍然会长期潜伏，时间可能是几周、几月甚至更长。当攻击者控制某台内部主机后通常会尝试转移到具有更高价值的主机。整个过程通常跨越多个阶段，攻击者会使用多种隐秘的攻击手段，直到实现最终目标达。

(3) 威胁性：攻击者有明确的目标，并且具备实现其目标的能力。攻击者通常是一个组织严密、资金充裕的团队，团队成员各有所长，通过相互配合完成预先制定的目标。

APT 这一术语最早在 2006 年提出，但一般认为 APT 攻击出现在更早的时间。以下介绍三个典型的 APT 攻击案例。

(1) 震网攻击(Stuxnet)：该事件开始于 2009 年，主要针对伊朗核电站的离心机。伊朗核电站的内网同外界隔离，为了进入内网，攻击者首先收集了核电站部分工作人员及其家庭成员的信息，再控制了他们的家用主机。接下来，攻击者利用 Windows 的零日漏洞感染了接入主机的 USB 移动介质。当这些 USB 移动介质接触核电内网的主机时，内部主机被感染，攻击者由此渗透进入了防护森严、物理隔离的伊朗核电站内部网络。最后，攻击者利用西门子控制软件的零日漏洞获得了离心机的控制权。攻击者使离心机一直空转，但监控界面上却显示运行状态一切正常。该方法使大部分的离心机损坏，伊朗不得不推迟其核电计划。

(2) 极光行动(Operation Aurora)：2010 年，攻击者利用 APT 攻击盗取了谷歌等公司的机密信息。攻击者首先分析 Facebook 上的资料，确定攻击对象为谷歌公司的一名员工。攻击者入侵并控制了其 Facebook 网友的计算机，然后伪造了一个照片服务器，在其中部署针对 IE 浏览器某个零日漏洞的攻击代码。接下来，攻击者假冒网友给谷歌员工发送即时通信消息，邀请他查看最新照片，但消息中的链接实际指向攻击 IE 浏览器的 Web 页面。谷歌员工打开页面后，其计算机被攻击者控制。攻击者利用该谷歌员工的权限在内部网络持续渗透，直到获得了多位敏感用户的权限。攻击者最后窃取了这些敏感用户在 GMail 系统中的机密信息，并通过加密信道将数据传出。事后调查表明，除了谷歌公司外，多家高科技公司都遭受同一手法的攻击，包括雅虎、Adobe、赛门铁克等知名 IT 企业。

(3) RSA SecurID 被窃：SecurID 是 RSA 安全公司提供的动态口令产品，可用于身份认证目的，在全球范围内被广泛使用。该事件发生在 2011 年。攻击者首先获得了 RSA 公司一个分支机构工作人员电子邮箱的控制权，然后以该人员的身份向 RSA 公司财务主管发送一封邮件，请求该主管对财务预算进行审核。电子邮件带有一个 Excel 附件，里面嵌入了一个 Flash 的零日漏洞利用代码。当财务主管打开了该 Excel 附件时，攻击者利用该漏洞在计算机中植入木马程序，成功控制了财务主管的主机。接下来攻击者利用该财务主管的身份继续渗透，最后成功窃取了 SecurID 令牌种子，并通过 IE 代理传回给控制者。之后，攻击者利用窃取的 SecurID 令牌种子攻击了 Northrop Grumman 等多家美国军工企业。

自 21 世纪以来，由于 APT 的隐蔽性和复杂性，对其进行检测和防御一直是全球各重要机构面临的一项重大网络安全挑战。以下首先检测 APT 的攻击过程与技术手段，然后介绍 APT 攻击的检测方法。

8.2.2 APT 的攻击过程与技术

APT 是一个持续性的多阶段攻击。如图 8.3 所示为 APT 攻击的典型过程,可分为 5 个阶段。

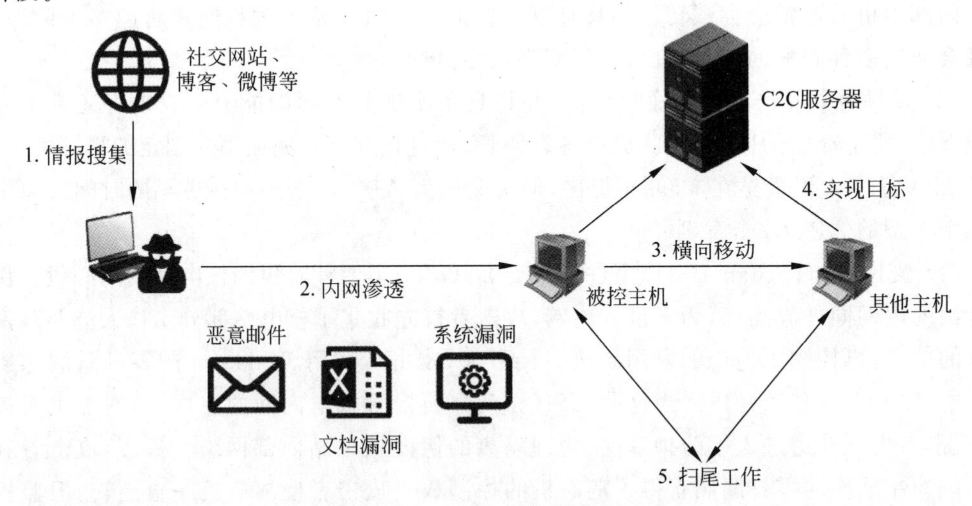

图 8.3 APT 攻击的典型过程

阶段 1:情报搜集。情报搜集是为了更好地了解攻击对象,这些信息在后续各个阶段可能都会用到,但最主要的还是为渗透到内网作准备。在这个阶段,攻击者广泛研究其攻击对象,收集关于技术和人员两方面的基础信息和有价值的情报。在技术方面包括网络和主机的基本信息以及使用的网络安全技术和设备,如操作系统、交换机、路由器、防火墙的类型和型号、使用的应用软件、防病毒软件、Web 服务器,开放的服务等。在人员方面包括员工的基本资料,可能还涉及员工的社交生活、习惯和经常访问的网站等细节。例如,在"极光行动"案例中,攻击者首先通过社交网络搜集了一位谷歌员工的上网习惯和爱好,还获取了其好友的信息。在情报搜集阶段常用的技术和方法包括社会工程、现场侦查、网络爬虫和网络扫描等。

阶段 2:内网渗透。为了实现攻击目的,攻击者需要渗透进攻击对象所在的内部网络。对于攻击者,这可能是整个 APT 攻击中最关键的一步。攻击者根据阶段 1 收集到的情报发现攻击对象的安全漏洞,编写攻击程序,利用多种手法欺骗攻击对象下载和运行恶意软件。一旦恶意软件在目标系统中运行,恶意软件就控制了目标系统。之后,有的恶意软件会尝试联系远程服务器,以接受攻击者的指令。该服务器称为命令控制服务器(command & control server),又称为 C&C 或 C2 服务器。有的恶意软件会长期静默,确保不被发现。在"极光行动"案例中,攻击者构建了一个恶意的 Web 页面,当员工点击页面后攻击者即控制了内部网络中的主机,从而实现了内网渗透。在内网渗透阶段常用的技术包括漏洞发现、漏洞利用代码开发、攻击代码的封装与运输、远程控制等。

阶段 3:横向移动。横向移动是指攻击程序从当前控制的主机移动到内部网络中的其他系统,以搜索到可实现其目标的攻击对象。当攻击者获得了内部网络中某些系统的访问权限后,进行横向移动就相对容易。例如,攻击程序可利用自己的权限或者利用窃取到的合法凭证将恶意软件和其他工具安装到其他机器上。同时,攻击程序尽量隐藏自己,以免被反恶意软件发现。在"极光行动"案例中,攻击者从控制的第一个员工的主机上进行横向移动,获取了其他具有敏感身份的员工的权限。在横向移动阶段，常用的技术包括权限提升、恶意软件隐匿技术等。

阶段4：实现目标。在这一阶段，攻击者发动攻击，实现其预定目标，如窃取信息或破坏系统。若攻击者的目标是窃取信息，攻击程序可能将其收集的数据发送到C&C服务器。攻击程序可能会将数据分成多个批次，加密后分别发送到不同IP地址的服务器。许多攻击程序利用DNS服务实现对C&C服务器的定位。

阶段5：扫尾工作。在最后一个阶段，根据需要攻击程序可能会继续潜伏或彻底退出。当APT攻击达成目标后，攻击程序可能会彻底退出，删除网络和系统中的所有痕迹，以防留下系统被入侵的线索或证据。例如，攻击程序会删除其产生的所有数据、文件和工具，清除日志文件中的记录等。攻击程序也可能继续潜伏在系统中，等待新的命令，或等待有价值的情报出现。

在APT攻击的5个阶段涉及了大量的攻击技术，这里指出三项比较重要的技术。

(1) 社交工程。社交工程在APT攻击的前期起着重要的作用。例如，从多个社交渠道搜集用户或系统的信息，利用用户对熟人的信任欺骗其点击链接或安装软件等。

(2) 零日漏洞利用。零日漏洞是未公开或已公开还未发布补丁的系统漏洞。由于安全系统没有相关的检测和保护机制，因此安全系统很难防御利用零日漏洞开展的攻击。

(3) 隐匿技术。隐匿技术帮助APT攻击逃避安全系统的检测。典型的隐匿技术包括将攻击操作伪装成正常网络或系统行为、消除攻击操作的痕迹、隐藏攻击程序在系统中的存在、对数据进行加密、使用隐蔽信道同C&C服务器通信等。

8.2.3 APT攻击的检测

传统的安全设备和技术在防御APT攻击时面临着巨大的挑战。如表8-1所示为APT攻击绕过基于主机和网络的安全系统的各种手段。

表8-1　APT攻击绕过传统安全手段的手段

	设备及技术手段		APT攻击绕过检测手段
主机	防火墙	IP、端口、域名、出入方向等访问控制规则	合法端口出站连接
	病毒软件	特征码、恶意行为分析、黑白名单	零日漏洞、高级恶意代码
	主机入侵防护系统	程序行为规则(应用、注册表、文件和网络)	零日漏洞、社会工程学
网络	防火墙	IP、端口、域名、出入方向等访问控制规则	合法端口出站连接
	入侵检测	数据包载荷、统计信息，包含防火墙功能	合法端口出站连接、数据混淆、伪装、加密
	WAF(Web防火墙)	基于攻击特征的HTTP请求异常	正常HTTP连接或加密连接

传统的安全检测技术不能有效识别APT攻击主要在于以下两个原因。

(1) APT具有很强的逃避检测的能力。例如，APT利用社交工程技术欺骗合法用户，系统不会产生怀疑；APT利用零日漏洞获得系统控制权，由于安全系统没有相关知识，因此无法检测出攻击事件；在获得控制权后，APT利用隐匿技术对其行为表现进行伪装和隐藏，使安全系统难以发现攻击行为。

(2) APT具有长期性、低强度和横向移动的特点。传统的安全检测技术通常是在短时间内的小范围检测，而仅仅在某一位置和时间点上进行检测很难发现APT攻击。

目前针对APT攻击的主要检测方法有：

(1) 网络流量检测。网络流量异常检测的思想是通过流量分析识别APT攻击。例如某些APT攻击的DNS网络流量模式与正常用户有较大的差别,可利用这一特征发现APT攻击。

(2) 蜜罐技术。蜜罐本质上是一种对攻击者的诱骗技术。防御方通过部署一些网络、主机和设备,诱使攻击者对它们实施攻击。防御方则对攻击行为进行记录和分析,了解攻击者所使用的工具与方法,推测其攻击意图,从而增强系统的安全防护能力,或者对攻击者进行追踪溯源。

(3) 攻击回溯和关联分析。给定一个特定的网络对象(如服务器、路由器),对各种数据源(如防火墙日志、电子邮件收发记录、网络扫描信息、Web记录等)进行综合分析,回溯该对象在一个较长时间范围内的全部事件。通过对这些事件进行关联分析,可以将传统的基于时间点的检测转变为基于历史时间窗的关联检测。这有助于在一个较长时间和较大范围内发现APT攻击。

(4) 全流量审计技术。该方法通过对所有通信流量进行深度解析和应用还原,提取HTTP访问请求、下载的文件、即时通信消息等内容,进而检测其异常行为。该方法通过读取IP包的负荷内容对OSI七层协议逐层进行解析并分析异常行为,直到对应用层操作实现完整重组并追踪发现出异常点。全流量审计需要处理庞大的数据量,因此其功能必须依靠大数据存储和处理技术。

需要指出的是,以上方法并不能保证检测出APT攻击。例如,攻击者通过伪装可以对各种检测和分析方法进行欺骗。对APT攻击的防御不仅依赖于各种检测技术,也依赖于严格规范的安全管理。

视频讲解

8.3 人工智能在网络安全中的应用

8.3.1 人工智能的基本概念

人工智能(Artificial Intelligence, AI)不同于动物或人类的智能,而是由机器表现出的感知和处理信息的智能。典型的人工智能任务包括自然语言处理、图像和语音识别、医学图像诊断、汽车自动驾驶等。许多人工智能产品已在日常生活中使用,如搜索引擎、人脸识别系统、语音助手、扫地机器人和商品推荐等。

人工智能这一术语是1956年在达特茅斯学院的一个研讨会上提出的。20世纪60年代和20世纪70年代初的研究人员相信,基于符号的人工智能方法最终将创建出具有通用人工智能的机器。这一阶段研究的代表性问题有计算机下棋、自动翻译、通用问题求解等。在1974年左右,人工智能研究由于缺少资金资助进入了第一个“冬天”。在20世纪80年代初期,专家系统的成功使人工智能技术开始复兴。多个国家政府也恢复了对人工智能学术研究的资助。一些研究人员认为符号方法不能模仿人类认知的所有过程,特别是在感知、学习和模式识别方面,于是一些新的人工智能技术被提出,例如神经网络、模糊系统、进化计算等。在1987年左右,人工智能的研究进入了第二个“冬天”。1997年,IBM公司的超级电脑在国际象棋比赛中战胜了世界冠军，人工智能技术再次引发了公众的兴趣。在这段时间前后，机器学习技术的研究也取得很大的进展。进入 21 世纪，更多的数据、更快的计算机、算法的改进使深度学习技术在多个任务上明显领先于其他方法。2015 年以后，越来越多的企业在产品或生产流程上引入了人工智能技术。2023 年，ChatGPT 的成功使人工智能应用掀起了一轮新的高潮。

一个拥有人工智能的实体应具有哪些能力呢？如图 8.4 所示为一个拥有学习能力的智能体的结构示意图。

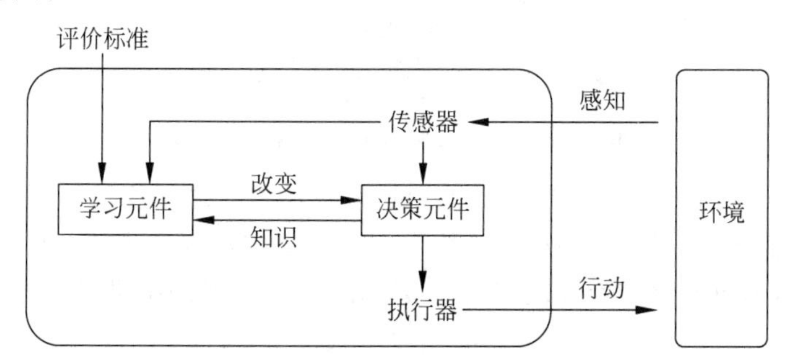

图 8.4　拥有学习能力的智能体的结构

假设将一个智能体置于外界环境中，则它应该可以从外界环境中获取信息，将通过行为改变环境。因此，一个智能体至少应具备以下三种能力。

(1) 感知能力：即从外界环境中获取信息的能力。

(2) 决策能力：即决定采取何种行动的能力。

(3) 行动能力：即实施行动改变环境的能力。

一个典型的例子是扫地机器人。它需要感知前方是否有障碍物，作出往哪个方向移动的决策，并具有移动、清洁、充电的行动能力。对于一个有学习能力的智能实体，它还需要根据评价标准、知识和外界环境进行学习，从而提高智能体的决策能力。这也意味着，学习型智能体还应具有学习能力和知识表达能力。

为了实现这些能力，研究者提出了多种人工智能技术。这里列举一些典型的技术。

(1) 自然语言处理(Natural Language Processing，NLP)技术。NLP 允许机器阅读和理解人类语言，它的典型应用包括信息检索、机器翻译、文本分类和聊天机器人等。

(2) 识别技术。识别技术可感知和理解环境中的声音和光学等信号，如语音识别、图像识别等技术。

(3) 搜索技术。搜索技术通过在问题的求解空间中进行高效搜索以找到问题的较优答案。

(4) 知识表达技术。知识表达技术用计算机可以理解和计算的方式表示真实世界的知识，例如对象、属性、类别，对象之间的关系等。

(5) 推理技术。推理技术根据已知的事实和知识得出结论。存在不同形式的推理技术，如逻辑推理，它基于数理逻辑；模糊推理，它基于模糊逻辑。不确定推理主要基于概率论，已经取得一定的成功，典型的方法有贝叶斯网络、隐马尔可夫模型等。

(6) 机器学习技术。机器学习技术利用经验和数据自动提高模型性能的技术。自 2012 年以来，深度学习技术取得了很大的成功，它是一种利用大量数据和人工神经网络结构的机器学习技术。如图 8.5 所示为只有一个隐藏层的人工神经网络的示例。

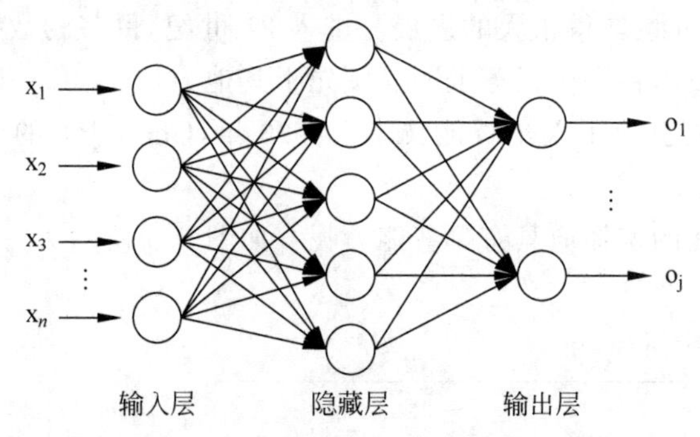

图 8.5　只有一个隐藏层的人工神经网络示例

人工神经网络是由多层人工神经元组成的,各层神经元之间相互连接,每个神经元接受前一层神经元的输入,经过非线性处理后输出到后一层神经元。人工神经网络利用大量样本进行自我训练,通过调整神经元之间的连接强度,人工神经网络可以学习到样本中隐藏的模式。

图 8.5 中的神经网络除了输入层和输出层外,只有一个隐藏层。深度学习则使用多个隐藏层。每一层可在前一层的基础上提取更复杂的特征,因此具有多个隐藏层的神经网络往往有更强的表达能力。以往,学习多个隐藏层的连接强度比较困难。随着样本量和计算能力的快速增加,以及更多训练技巧的提出,这一问题得到有效解决,从而推动了深度学习技术的成功。

人工智能技术的发展对网络安全也产生了重大的影响。如图 8.6 所示为人工智能技术对网络安全的影响,表现在以下三个方面。

(1) 加剧网络攻击:攻击者基于人工智能技术提出了一些新的网络攻击方法,如改进恶意软件、破解验证码等。

(2) 增强网络防御能力:安全管理人员可利用人工智能技术增强网络的防御能力,如利用机器学习技术提高入侵检测技术的准确性。

(3) 引入新的安全缺陷:由于人工智能技术正逐渐成为网络安全的一项基础技术,人工智能技术自身的安全问题也会间接影响网络的安全。

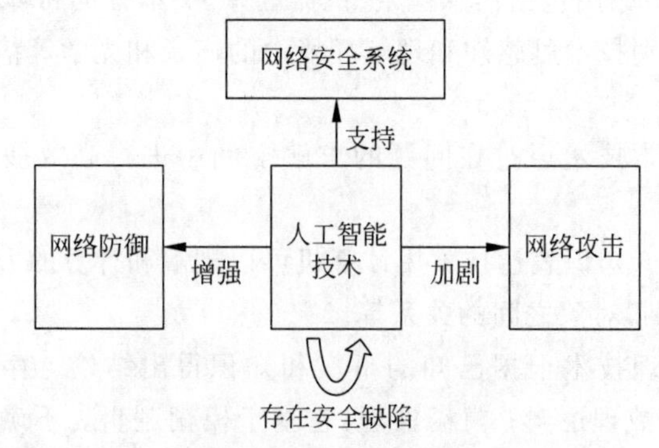

图 8.6　人工智能技术与网络安全的关系

以深度学习为例,它的安全问题至少涉及以下几方面。

(1) 基础框架的安全问题:深度学习在实现时往往基于一些流行的框架,如

TensorFlow、PaddlePaddle 等。如果这些框架存在安全漏洞，则使用它们的软件或系统也存在安全问题。

(2) 算法的可靠性问题：深度学习本质上是以较高的概率输出正确的结果，因此无法保证其输出绝对可靠。

(3) 样本的可靠性问题：深度学习的效果极大依赖于训练样本的数量和质量。事实上，许多样本含有噪声甚至错误。近来的研究表明，攻击者可以构造特殊的样本误导深度学习模型。

(4) 模型的安全性问题：当深度学习模型实际部署后，它可能被窃听、篡改，从而影响系统的机密性和完整性。

本节剩余部分介绍人工智能技术对网络攻击和网络防御的影响。

8.3.2 利用人工智能技术发动网络攻击

由于人工智能技术在许多方面的出色能力，它可被攻击者用于发动网络攻击。下面从几个主要的方面举例说明。

1. 验证码破解

验证码可以提高用户在线口令认证的安全性(参见 3.2.4 节)。最常见的验证码要求用户人工识别并输出图片中的字符，若输出正确，系统判断为人类用户，则通过验证。由于计算机视觉技术的快速发展，利用机器进行验证码识别也有较高的成功率。例如，2018 年 12 月，由中国的西北大学等机构共同开发了一套用于破解 Captcha 在线验证码的人工智能系统。该系统基于少量的 Captcha 样本自动生成大批量的训练样本，并利用生成的样本成功训练了一个验证码图片分类器，可在 0.05 秒内在线破解 Captcha 验证码机制。

2. 提高恶意软件的反侦查能力

恶意软件是发动网络攻击的重要手段。攻击者可利用人工智能技术提高恶意软件的隐藏能力。例如，恶意软件可根据安全产品的检测逻辑，更改其代码的特征和模式，从而逃避反恶意软件的检测。传统恶意代码发布后，安全工程师可通过逆向工程等方法确定其攻击目标和手段。在 2018 年的美国黑帽大会上，IBM 研究院展示了一款 DeepLocker 的软件，它借助人工智能技术实现了目标的精准攻击和攻击手段的保密。下面以人脸识别为例说明该软件的工作原理：

(1) 获取目标对象的人脸图像，利用神经网络模型提取其人脸特征；

(2) 基于人脸特征生成一个密钥；

(3) 使用生成的密钥加密攻击代码；

(4) 将神经网络模型和加密后的攻击代码封装到恶意代码中；

(5) 当神经网络模型检测到目标对象的人脸时，基于其人脸特征恢复密钥；

(6) 使用密钥解密攻击代码，发动攻击。

在目标对象未出现之前，攻击代码一直处于加密状态，从而提高了其反检测的能力。另一方面，即使安全工程师获得了恶意软件的代码，他也无法确定目标对象和攻击手段。

3. 提高鱼叉攻击的成功率

在2016年的美国黑帽会议上,John Seymour和Philip Tully展示了如何利用神经网络和自然语言处理技术改进鱼叉攻击。它利用用户发布的帖子作为训练数据,然后生成针对该用户的钓鱼帖子。确定攻击目标后,攻击者利用神经网络模型选取目标感兴趣的话题以及该目标发送和回复推文的情况,以产生钓鱼帖子内容。同时攻击系统会选择用户经常发送帖子的时间进行发布。通过在Twitter社交平台上测试发现,该方法的用户点击率明显高于传统鱼叉攻击。

4. 多媒体伪造

多媒体伪造是指利用计算机技术伪造声音、图像、视频等多媒体形式的数据。近年来,深度伪造技术(Deepfake)在世界范围内产生了许多负面影响。Deepfake是英文deep learning(深度学习)和fake(伪造)的混合词,其含义是利用深度学习算法实现多媒体数据的伪造和篡改。Deepfake类软件主要基于GAN(Generative Adversarial Networks,生成对抗网络)技术。GAN允许两个深度神经网络相互对抗,第一个神经网络称为生成器,负责生成尽可能真实的样本;第二个神经网络称为鉴别器,负责辨别样本的真假。在相互对抗的过程中,生成器和鉴别器通过学习不断改进其性能,直到双方能力达到一个平衡状态。此时生成器输出的样本与真实样本比较接近。

2019年,一名诈骗犯利用Deepfake技术伪造母公司负责人的声音,让一家英国能源公司的首席执行官转账到指定的银行账户,导致该公司损失超过20万美元。2022年,一个诈骗团伙利用Deepfake技术伪造了一位知名人士的采访视频。在这个伪造视频中,该知名人士鼓励大家加入一个加密货币交易平台,导致视频观众的被骗总额超过3000万美元。此外,多媒体伪造技术还被用于勒索、造谣、制造色情视频等违法犯罪行为。

8.3.3 利用人工智能技术增强网络安全

本书在前面章节多次提到人工智能技术用于增强网络安全的应用,这里作一个简单总结和补充。

1. 入侵检测技术

入侵检测技术利用从主机和网络采集的数据判断是否发现入侵事件(参见7.1节)。入侵检测可看作机器学习中的分类问题。由于机器学习和深度学习的快速发展,入侵检测在检测速度和准确率方面均有提升。2016年,麻省理工学院与某创业公司共同开发了一个基于机器学习技术的网络安全入侵检测平台。该平台首先采用无监督机器学习技术对日志数据进行聚类,然后将结果反馈给人类分析师。人类分析师会识别其中的攻击活动,给对应样本赋予类别标签。随后利用有监督机器学习训练入侵检测模型。随着时间和数据量的累积,该方法可不断提升平台的准确率。

用户实体行为分析(User Entity Behavior Analytics, UEBA)是Gartner公司于2014年提出一项安全技术,用于描绘用户与实体的正常行为模式。这里的实体主要指服务器、终端、网络设备等设备。机器学习技术是UEBA的重要组成部分,它通过学习历史数据来构建正常行为模型。当实际数据与正常模型有较大偏离即认为出现入侵。目前 UEBA 已在数据泄露检测、网络流量异常检测和高级持续性威胁检测等方面应用。

2. 用户认证与识别

第 3 章介绍了深度学习在基于人脸特征的用户认证方面的应用。深度学习技术也可用于识别用户的签名、声音,以及用于体态识别和不良行为预测。与人脸识别不同,利用高清摄像头,体态识别的识别距离可达 50 米。当无法捕捉到脸部图像或脸部图像不清晰时,利用体态可以识别其身份,甚至预测其接下来的动作,从而有效预防犯罪。

3. 恶意软件检测

本章第一节对恶意软件进行了描述。利用机器学习等人工智能技术检测恶意软件已在实践中应用。腾讯安全团队基于 AI 芯片检测、AI 模型云端训练和神经网络算法等关键技术研发一款反病毒引擎。与传统的反恶意软件相比,该引擎具有实时防护、可检测未知特征恶意代码等优势。通过自动化训练,该软件可缩短恶意代码查杀周期,减少运营成本。

4. 垃圾邮件检测

垃圾邮件曾给广大用户带来很大困扰,它同时也是恶意软件的温床。机器学习和自然语言处理技术有效地遏制了垃圾邮件的泛滥。根据谷歌官方数据,Gmail 收到的邮件中超过 50%是垃圾邮件,这为其训练优异的垃圾邮件检测器提供了充足的高质量数据源。2017 年,谷歌公司宣称,其基于机器学习技术的垃圾邮件和钓鱼邮件的识别率已经达到了 99.9%。

5. 自动化渗透测试

渗透测试是一种网络安全的评估方法,它通过模拟真实攻击者的方法,发现目标网络与系统的脆弱性和漏洞,为弥补网络安全漏洞、提高安全性提供基础。渗透测试与第 3 章中的漏洞扫描有以下区别:

(1) 侵略性不同。渗透测试模拟攻击者,会试图使用各种技术手段攻击真实的生产环境,具有较强的侵略性,而漏洞扫描一般采用非侵略性的方式,并力图减少对网络的干扰。

(2) 人的参与度不同。渗透测试需要测试人员主动采集大量数据、精心设计攻击方法。测试人员可能会使用社会工程学等方法,被测方的工作人员也会纳入测试范围。而漏洞扫描一般采用自动化工具开展。

由此可见,渗透测试依赖于测试人员的知识、经验和创造性,很难用程序化的工具实现。深度学习的发展使这一情况得以改善。2018 年的美国黑帽大会发布了一款名为 DeepExploit 的软件。它利用深度强化学习实现自动化渗透测试。该软件利用渗透测试的成功经验精确地识别并利用漏洞。DeepExploit 采用多智能体分布式强化学习技术实现自我进化。目前 DeepExploit 可以自动完成信息收集、威胁建模、漏洞分析、漏洞利用等工作,并生成测试报告。当然,要完全代替优秀的测试人员,自动化渗透测试软件还需要更加智能。

思考题

1. 列出并简要描述计算机病毒的生命周期。
2. 加密和压缩为病毒的感染发挥了什么作用?
3. 蠕虫有哪些传播方式?
4. 简要说明病毒、蠕虫、木马、僵尸程序、后门、社交工程的概念。
5. 静态检测和动态检测有什么不同?
6. 描述检测恶意软件的三个位置。
7. 什么是零日漏洞?
8. 列出并简要描述 APT 攻击的几个典型阶段。
9. 列出并简要描述目前针对 APT 攻击的主要检测方法。
10. 说明人工智能技术与网络安全的关系。
11. 简要描述人工智能技术用于发动网络攻击的几个方面。
12. 列举人工智能技术用于增强网络安全的几个应用。